KB063976

**당신의 아들은
게으르지 않다**

사춘기 아들의 마음을
보듬어주는 부모의 심리학

당신의
아들은

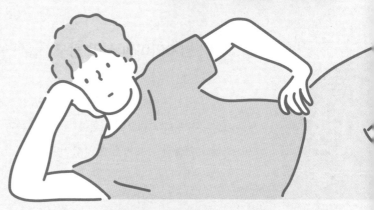

게으르지
않다

애덤 프라이스 지음
김소정 옮김

갈매나무

C·o·n·t·e·n·t·s

2부 **아들의 친밀한 협력자가 되기 위해**
알아야 할 것들

머리는 좋은데 게을러서 문제라고?

몇 년 전에 나한테 치료를 받은 카일이라는 아이의 어머니를 최근에 우연히 만났습니다. 이는 아동 심리치료사들에게는 진실을 마주하는 순간이라고 할 수 있습니다. 보통 아동 환자가 치료를 마치고 인생의 다음 단계로 넘어가면, 우리 치료사들은 쏟아부은 노력의 결실을 확인할 방법이 거의 없습니다.

처음 만났을 때 카일은 고등학교 1학년이었고, 학교생활을 제대로 하지 못해 힘들어하고 있었습니다. 방황하는 청소년이 흔히 드러내는 위기 신호(마약 남용, 노골적인 반항, 무단결석, 난폭한 폭력 행위)는 없었지만 학업에는 전혀 관심이 없었습니다. 성적을 올리려는 노력을 거의 하지 않았기 때문에 카일의 부모는 아들을 '노력을 안 하는 녀석'이라고 불렀습니다. 간신히 낙제를 면한 카일은 스페인어는 D를 받았고 나머지 과목은 B나 C를 받았습니다. 주말마다 친구들과 어울리러 밖으로 나갔고, 어쩌다 집에 있을 때도 대부분은 방에서 커튼을 쳐놓고 컴퓨터 앞에 앉아만 있었습니다. 아침이면 일어나기가 힘들어서 지각할 때도 많았습니다. 공부에 의욕이 없는 아들의 장래가 너무나도 걱정됐던 부모는 아들에게 학습 장애가 있는지를 알아보려고 심리학자를 찾아갔습니다. 카일을 살펴본 심리학자는 이렇게 말했습니다. "카일은 학교에서 잘해보겠다는 의욕도 없고 숙제도 하지 않습니다. 학교 공부보다는 친구들과 문자를 주고받고 음악을 듣거나 비디오 게임을 즐깁니다. 학교에서 하는 활동은 어떤 것에도 흥미가 없고 공부를 하지 않으니 계속 시험 점수가 나쁠 수밖에 없습니다." 그 심리학자는 사실만 나열했을 뿐 카일이 의욕을 가지고 공부할 수 있는 방법은 제시하지 못했습니다. 심리학자의 보고서를 읽어본 나는 왜 카일의 부모가 아들 때문에 안타까워하는지를 알 수 있었습니다. 카일의 지능지수는 상위 9퍼센트 안에 들었기 때문입니다.

나를 찾아온 많은 부모처럼 카일의 부모도 걱정이 이만저만이 아니었습니다. 잠재력이 아주 뛰어난 남자아이가 '좋은' 대학교에 가려면 반드시 필요한 뛰어난 성적을 받을 노력은 전혀 하지 않고 왜 그저 자기 미래를 망치는 행동만 하고 있는지 카일의 부모는 도저히 이해할 수가 없었습니다. 카일 부모의 노력은 모두 실패로 돌아갔습니다. 외출을 못하게 하면 부모에게 거칠게 반항했고 그렇다고 가만히 내버려두면 학교생활을 더욱 힘들어했습니다.

카일은 뉴욕시와 뉴저지주에서 내가 계속해서 만나게 되는 환자들과 아주 비슷했습니다. 선생님들이나 학교 상담교사들이 '좋은 아이'라고 분류하지만 중학교나 고등학교에서 공부에는 거의 흥미를 보이지 않으며 성적도 좋지 않은 아이들 말입니다.

•••

요즘 아이들이 받고 있는 압력에 대해 이야기하는 책은 시중에 많이 나와 있습니다. 그런데 대중매체에서 다루는 청소년기의 문제는 거의 대부분 어렸을 때 이미 많은 성취를 한 엘리트 아이들에게 집중되어 있습니다. 대학교에서 배울 여러 과목을 미리 수강한다거나 여러 운동팀에 들어가서 활동하는 아이들 말입니다. 하버드대학교에 갈 가능성이 사라지면 자기 아이에게 폭발하고 마는 부모 밑에서 자라는 아이들은 당연히 엄청난 압력을 받고 있습니다. 또 그 아이들과는 다른 압력을 받고 있지만 압력을 받고 있다는 사실이 거의 드러나지 않아 많은 관심을 받지 못하는 아이들도 있습니다. 내가 걱정하는 아이들은 바로 이들입니다. 학교 공부에는 전혀 관심이 없고 텔레비전, 비디오 게임, 페이스북, 인스타그램 등에 시간을 써버리거나 친구들과 너무 많이 노는 아이들 말입니다. 이런 아이들은 카일처럼 '문제아'라는 낙인이 찍히지는 않을 정도로만 생활해나가고 간신히 기준선 위에 머물지만 아이 부모들은 엄청난 슬픔과 실망을 느낄 수밖에 없습니다.

이런 아이들은 겉으로 보기에는 학업 스트레스를 전혀 받지 않는 것처럼 보이지만 사실 그들이 하는 행동을 보면 자신에게 가해지는 스트레스에 직접적으로 반응하고 있음을 알 수 있습니다. 보이는 것과 달리 이런 아이들은 게으르지 않습니다. 이 아이들은 나름대로 엄청난 요구에 짓눌려 있습니다. 자기로서는 도저히 감당하지 못할 것 같아 두려울 수밖에 없는 압력 앞에서 이 아이들은 어떠한 경쟁도 하지 않는다며 '어떤 일이 일어나기도 전에 미리 포기하는 일'을 선택한 것입니

당신의 아들은 게으르지 않다

다. 나는 바로 그렇게 지레 포기하는 아이들을 돕고자 합니다.

과도하게 경쟁적이고 성취지향적인 현대 문명에서 살아가는 청소년의 삶은 뜨거운 압력솥 안에서 사는 것과 마찬가지입니다. 10대 남자아이들은 이런 스트레스에 극히 민감한데, 심리학자로서 나는 매일 우리 문화의 희생자들을 접하고 있습니다. 밝고 유능한 남자아이들이 현대 교육 제도는 현실 세계와는 동떨어져 있고 효과도 없다고 불평합니다. 자기 행동을 정당화하면서 아예 노력조차 하지 않는 쪽을 택합니다. 청소년기의 전형적인 위기 대처 전략인 회피avoidance와 부정denial을 사용해 자신을 보호하는 것입니다.

● ● ●

남자아이들이 헤치고 나가야 할 세상은 분명히 부모 세대가 경험했던 세상보다 훨씬 복잡합니다. 자신이 다니는 학교 수준에 상관없이 요즘 아이들은 이전과는 전혀 다른 과제를 해결하라는 요구를 받습니다. 지난 20년 동안 고등학교 아이들이 수업 시간 외에 보충 수업을 듣는 시간은 늘어나고 있으며, 자기 학년보다 높은 학년의 수업을 듣는 비율도 7퍼센트에 달합니다. 발달한 기술 덕분에 학습경험(교과학습뿐 아니라 실제 생활에서 얻는 경험도 포함하는 교육을 지칭하는 용어. 모든 학습경험이 긍정적인 것은 아니다.-옮긴이)이 풍요로워진 것도 사실이지만 그 때문에 학생들이 과도한 정보에 눌리기도 합니다.

해야 할 학교 공부가 아주 많고 주변에서는 끊임없이 자극을 보내는데 놀아야 할 필요까지 있음을 생각해보면 아이들에게는 기업체 관리자들이나 갖출 수 있는 조직력이 필요할 것 같습니다. 하지만 요즘 10대 아이들이라고 뇌가 성숙하는 속도가 옛 세대보다 월등하게 빨라진 것은 아닙니다. 학교와 가정과 사회는 엄청나게 늘어난 의무와 책임을 처리할 것을, 맹렬하게 집중하고 세부 내용에 주의할 것을, 제대로 계획을 짤 수 있는 능력을 갖출 것을 아이들의 뇌에 요구하지만 사실 청소년의 뇌는 아직도 발달하고 있는 중입니다. 한 사람의 뇌는 20대가 되어서야 완전히 '성숙'한다는 데 공감하는 심리학자, 의사, 교육자가 점점 늘고 있습니다.

남자아이에게는 문제가 많으며 학습 장애로 고생하는 경우도 많다는 소식은 새롭지 않습니다. 사실 남자아이들의 학습 문제는 미국에서 폭넓게 고민하고 다루고 있는 주제로, 많은 교육 전문가가 오늘날 교실 분위기는 활동적이고 경쟁적인 남자아이의 타고난 성향을 억누르기 때문에 교과목 성적에 관해서라면 처음부터 남자아이들이 불리하다고 말합니다. 이런 상황에서 성적이 나쁜 남자아이의 부모는 과연 어떻게 해야 할까요?

우연히 만난 카일 어머니가 카일이 대학교를 무사히 졸업하고 소프트웨어를 개발하고 있다는 소식을 전했을 때는 정말 마음이 놓였습니다. 카일은 심지어 대학원에 갈 계획까지 세우고 있다고 했습니다. 카일이야말로 아이가 스스로 성장하려면 과도한 압력을 줄일 필요가 있음을 보여주는 완벽한 사례입니다. '지레 포기하는' 아이는 게을러 보입니다. 하지만 그 속을 조금만 깊이 들여다보면 아주 걱정이 많은 남자아이를 발견하게 됩니다. 이 남자아이는 잘하고 싶지만 실패할까 두려워서 시도조차 하지 않으려고 합니다. 이 책은 남자아이들을 가로막고 있는 숨은 장애물을 찾아내 그가 두려움에 맞서도록 도와줄 것입니다.

● ● ●

학습 의욕을 다룬 연구 결과물은 아주 많습니다. 하지만 10대 아이들에게 적용할 수 있는 실용적인 조언을 하는 책은 거의 없습니다. 10대 아이들은 정말 복잡하기 때문에 모든 동작 부분을 설명할 수 있는 포괄적인 처리 방법이 필요합니다. 이 책은 1부와 2부로 나누어져 있습니다. 1부에서는 남자아이들의 몸과 마음에서 일어나는 급진적인 변화를 이해하고 아이를 새로운 관점으로 볼 수 있는 방법을 알려드릴 것입니다. 남자아이와 여자아이가 어떻게 다른지를 이해해야 합니다. 남자아이들이 무언가를 배우는 방식, 친구들과 관계를 맺는 방식, 적절한 사회 지위를 추구하는 방식, 자기 감정을 이야기하는 방식은 모두 우리가 지레 포기하는 남자아이들을 어떻게 다루는지에 따라 달라집니다. 1부를 다 읽을 때쯤이면 당신 아들이 게으르지 않다는 이유를 분명하게 알 수 있을 것입니다. 2부에서는 갈등 단계를 지나 문제 해결 단계로 들어갈 수 있는 수많은 방법을 제시할 것입니다. 의미 있는 통찰력을 제공하고 그 통찰력을 활용해 부모가 실행할 수 있는 방법을 제시하려고 합니다.

지금 이 책을 읽는 당신은 적의 전선 깊숙이 들어가 아들의 성적과 공부 시간을 놓고 엄청난 전투를 벌이며 고군분투하고 있을 것입니다. 아들과 힘겹게 줄다리기를 하면서 계속해서 협상 조건을 제시하고 있을 것입니다. 이런 밀고 당김을 역설 반응paradoxical response이라고 부르는데, 이에 대해서는 7장에서 살펴봅니다. 7장과 그 뒤에 나오는 장들은 아들이 수동적이고 무기력한 이유를 아들의 입장에서 알게 해주어 당신이 아들과 벌이는 권력 다툼을 끝내고 더 괜찮은 방법으로 대화할 수 있게 도와줄 것입니다. 싸움이 줄어들면 자신감 결여, 고정관념 등 아들이 가진 문제의 해결 기반을 마련할 수 있습니다. 지금부터 우리는 아들이 의욕을 갖기 위해 반드시 갖춰야 하는 청소년기의 특성(자기통제력, 능숙함, 연민 등)을 중점적으로 살펴볼 것입니다. 변해야 할 책임은 아들에게 있음을 알려주고, 아들의 자율성을 존중하는 대화법을 배울 것입니다. 또한 아들은 자아인식(주변 사람이나 물체, 환경과 자기 자신을 구별하고 이해할 수 있는 능력—옮긴이)을 갖추고 학습에 의욕을 갖지 못하게 했던 숨겨진 불안을 관리할 도구를 얻게 될 것입니다.

이 책을 읽는 동안 당신은 아들이 게으르지 않다는 사실을, 단지 살아남으려고 고군분투하고 있을 뿐임을 알게 될 것입니다. 이런 깨달음은 아주 중요합니다. 부모가 아이에게 줄 수 있는 가장 커다란 도움은 결국 '받아들임'이기 때문입니다.

나아가 당신은 어째서 아들이 자기 힘으로 할 수 있는 일은 아무것도 없다고 느끼는지도 알게 될 것입니다.(그 이유 중 하나는 언제나 부모가 나서서 아들 일을 처리해주는 것입니다.) 아들이 하는 많은 행동이 사실은 자신이 바보처럼 보이거나 무능해 보일 수 있다는 두려움 때문임을 이해할 것입니다. 인내심을 갖게 되고 문제는 아들이 아니라 이 세상에 있음을 이해할 수도 있습니다. 아들은 자신에게 주어진 많은 요구들을 결국 충족시킬 텐데, 그러려면 시간이 더 필요하다는 사실도 알게 될 것입니다. 그리고 아들을 충분히 믿고, 아들에게 실패할 자유, 자신을 배워나갈 자유, 자신의 동기를 갖고 해야겠다는 의욕을 갖게 될 자유를 줄 것입니다. 또래 친구들보다 훨씬 오래 걸릴 수도 있습니다. 하지만 의욕이 생기고 자신만의 진정한 실행 동기를 찾게 되면 그때는 누구도 아들에게서 의지를 빼앗을 수 없습니다.

1부

10대 남자아이의 심리 탐구

1부에서는 아들에 관해 부모가 흔히 믿고 있는 아주 해로운 억측을 고쳐나갈 것입니다. 자신의 아들이 게으르다는 생각 말입니다. 이런 위험한 오해 때문에 부모는 아들의 진짜 문제를 보지 못합니다. 부모가 자신을 비난하고 있다고 느끼는 아들은 점점 더 외로워집니다. 1장에서는 부모가 아들을 다른 시각으로 볼 수 있도록(부모의 인식을 바꿀 수 있도록) 도울 것입니다. 1부 나머지 부분에서는 청소년기를 규정하는 인지 변화 및 감정 변화를 새로운 시각으로 들여다보고 지레 포기하는 10대 남자아이들에게 이러한 변화가 어떤 의미를 갖는지를 자세하게 살펴봅니다. 1부를 읽어나가는 동안 아들의 심리 상태를 자세하게 이해하고 문제를 다른 시각으로 볼 수 있게 될 것입니다. 남자아이들에게 학습 동기를 부여할 수 있는 효과적인 전략을 개발하려면 10대 아이들이 세상을 보는 관점과 아이들의 마음이 작동하는 방식을 반드시 이해해야 합니다.

1장

당신은 아들에 대해
잘못 알고 있었다

"이제 아들한테 어떻게
말해야 할지 모르겠어요."

이제부터 아들에게 당신을 다시 소개해봅시다. 아들이 전형적인 성적이 안 좋은 10대 남자아이라면 분명히 학교에 관한 모든 일에 불만을 보일 것입니다. 선생님은 바보 같고 학과목은 실제 생활과는 아무 상관이 없고 수학은 그저 숫자 놀음이고 국어는 그저 말놀이라고 투덜댈 것입니다. 아이가 공부하는 모습은 결코 볼 수 없습니다. 숙제를 도통 하지 않는 아이의 성적은 자꾸만 떨어집니다.

이것이 지금 당신이 처해 있는 상황일 것입니다. 아들이 걱정되어 죽을 것 같지 않을 때는 아들에게 잔소리를 퍼붓고 있을 것입니다. 그도 아니면 아들과 엄청난 싸움을 벌이고 있는지도 모릅니다. 아들을 상대로, 혹은 아들과 당신의 배우자를 상대로 말입니다. 아들의 미래가 너무나도 걱정스러운 나머지 끊임없이 "숙제해라.", "곧 시험인데 공부 좀 해라."라고 말하며 아들을 괴롭히고 있을 것입니다. 대학교 입시 상담사의 조언대로 아들을 '윈터 스쿨'에 등록시켰을지도 모르겠습니다. 어쩌면 아들을 데리고 치료를 받으러 다닐 수도 있습니다. 다른 사람들 눈에 당신 아들은 상냥하고 나긋나긋하고 애교 있고 예의바른 아이이지만, 당신 눈에는 학습 의욕이 전혀 없고 아주 게으른 아이입니다. 아무리 사정을 하고 빌어보고 호되게 야단을 쳐도 아이에게 의욕을 불어넣을 수는 없습니다.

이 책을 집어든 당신은 내 강연회에 참석한 부모들이 토로했던 다음과 같은 이야기에 절절히 공감할 것입니다.

- "별거 다 해봤지만 소용이 없었어요. 텔레비전이랑 컴퓨터도 치워버렸어요. 그랬더니 '괜찮아. 없애버려. 아무 상관없으니까.'라고 하던데요."
- "이제 아들한테는 어떻게 말해야 할지 도무지 모르겠어요. 제가 뭐라고 하든지 투덜거리면서 그냥 자기를 내버려두라고 해요."
- "선생님을 좋아하거나 과목에 진짜 흥미가 있을 때만 공부할 생각을 해요. 그게 아니면 정말 아무 신경을 쓰지 않아요."
- "조금만 더 열심히 하면, 조금만 더 신경을 쓰면 잘할 거 같은데……."

점수를 매겨보면 당신 아이를 조금 더 알 수 있습니다. 아이가 학교생활을 어느 정도 중요하게 생각하는지 1점부터 12점까지 점수를 매겨봅시다. 사회생활과 과외 활동은 어느 정도 중요한지도 물어봅시다. 놀랍게도 아들은 학교생활을 9점이나 그 이상이 될 정도로 중요하게 생각하고 사회생활은 그다음이고 과외 활동은 마지막으로 중요하다고 말할 것입니다. 이번에는 같은 기준을 적용해 각 분야에서 성공할 가능성을 1점에서 12점까지 점수를 매겨보라고 해보세요. 아들의 대답에 놀라면 안 됩니다. 당연히 그 순서는 반대일 테니까요. 보이는 모습이 항상 진실은 아닙니다. 사실 아들은 학교생활을 정말 잘하고 싶어 합니다. 그저 자기에게는 잘할 수 있는 능력이 없다고 생각하는 것뿐입니다. 당신이 보기에는 게을러 보일 뿐이지만 아들은 사실 실패할지도 모른다는 두려움에 싸여 있습니다. 흔히 불안이라고 규정할 수 있는 감정 말입니다. 학습 장애나 주의력결핍과잉행동장애ADHD, Attention Deficit Hyperactivity Disorder가 있는 아이들, 청소년기에 겪어야 하는 문제를 회피하려고 마약을 하거나 문란한 성생활을 하는 아이들을 포함해 학습 의욕이 없고 성적이 낮은 아이들은 누구나 이런 불안을 느낍니다. 당신 아들을 도와주려면 무엇보다도 아들의 낮은 자부심이 학교에서 생기는 문제의 주요 원인인지, 그저 위에서 언급한 문제들을 일으키는 부차적 원인인지부터 알아내야 합니다.

한 가지 분명히 할 점이 있습니다. 아들의 자부심을 높여주려고 애쓰는 부모들이 대부분 실패하는 이유는 아이에게 칭찬을 쏟아부어서 자부심을 높이겠다는 전략을 택하기 때문입니다. 자부심이 낮은 아이에게는 비난을 퍼붓는 것만큼이나 칭찬을 퍼붓는 방법도 치명적입니다. 부모에게서 받는 칭찬과 비난은 아이들에게 자기가 하는 일을 부모가 평가하고 판단한다는 기분이 들게 합니다. 그런 기분이 드는 아이는 당신의 사랑은 조건부라는 생각을 할 수밖에 없습니다. 이런 상황에서 긍정적인 피드백은 부정적인 피드백만큼이나 나쁘게 작용합니다. 그러니 평가하는 일도 판단하는 일도 그만두어야 합니다.

아직 자기 삶도 이해하지 못했다면 다른 사람의 삶은 더더욱 바꿀 수 없습니다. 더구나 당신이 바꾸고자 하는 사람이 10대 남자아이라면 더욱 그렇습니다. 모든 흐름은 전적으로 당신에게 불리한 방향으로 흘러가고 있습니다. 당신의 아들은 아직 성인이 아니지만 자신을 어른이라고 생각하며, 어른처럼 대우받기를 원합니다. 어른까지는 아니어도 적어도 자유로운 영혼으로 대우받기를 원하는데, 이 소망을 방해하는 유일한 존재가 바로 당신입니다. 그 때문에 아들은 자신이 할 수 있는 일은 단 한 가지밖에 없다는 생각으로 당신에게 맞섭니다. 따라서 상황은 더욱 나빠집니다. 이런 상황에서 부모는 무엇을 할 수 있을까요?

내가 10대였을 때를 떠올려본다면

사실 부모는 아들이 아니라 자신에게 집중해볼 필요가 있습니다. 아들 성적을 평가하지 말고 자신에게 관심을 집중해야 합니다. 지금부터 자신에게 집중하는 방법을 알려드리겠습니다.

사람으로서 당신이 가진 장점과 단점을 세 가지 내지 다섯 가지 정도 적어봅시다. 약점을 적을 때는 솔직해야 합니다. 전형적인 직장 면접 때처럼 '나는 너무 신중하다.' 같은, 사실 장점이라고 할 수 있는 것을 약점이라고 하면 안 됩니다. 다 적었으면 마음이 불편해지더라도 자신의 약점을 자세히 들여다봅시다. 그 약점들 때문에 당혹스러웠거나 창피했던 적이 있는지, 그리고 어떤 실패를 하며 살아왔는지 생각해봅시다. 이제 아들이 명문대에 입학할 정도로 똑똑한 학생이라면 부모로서 어떤 기분이 들지 상상해봅시다. 분명히 아주 뿌듯하고 근사한 기분이 들 것입니다. 하지만 생각해봅시다. 과연 당신의 기분을 좋게 해주는 일이 아들의 의무일까요? 더구나 아이의 약점을 지적하면서 계속 비난하면 아이의 행동이 고쳐질까요? 분명한 점은 지금까지는 그런 방법이 전혀 효과가 없었다는 것입니다.

이제부터는 다른 방법을 사용해봅시다. 당신의 약점을 자신의 일부로 받아들이는 노력을 해봅시다. 지금까지 당신은 당신 인생을 개선하려고 최선의 노력을 다해왔습니다. 하지만 누구도 완벽해질 수 없습니다. 완벽하지 않았기 때문에 문제를 만들어온 자기 자신을 용서하고 자신을 있는 그대로 받아들이는 노력을 해봅시다. 자신의 약점을 받아들일 수 있다면 아들을 좀 더 잘 이해하게 되고 아들이 겪는 문제에서 좀 더 멀리 떨어져 객관적으로 바라볼 수 있습니다. 객관적으로 상황을 볼 수 있을 때에만 아들을 도울 계획을 세울 수 있습니다.

엄정한 객관성이 아들을 도울 때 필요한 가장 중요한 요소라면 두 번째 중요한 요소는 뛰어난 공감 능력입니다. 10대 아들에게 공감하려면 자신이 10대였을 때 어떠했는지를 떠올려보아야 합니다. 당신에게 시간을 내주지 않았던 멋진 남자아이나 여자아이를 떠올려봅시다. 반 친구들이 보는 앞에서 망신을 주던 선생님은 없었나요? 수학에서 낮은 점수를 받고 부모님에게 말씀드리지 못했던 기억은 없나요?

당신이 경험했던 후회스러운 일들을 떠올리는 동안 아들의 마음을 이해하게 되고 아들의 관점에서 상황을 볼 수 있게 될 것입니다. 객관성과 공감이라는 두 가지 중요한 요소를 갖추게 되면 당신은 아들을 충분히 이해하는 부모가 될 수 있을 뿐 아니라 아들을 제대로 도와주는 부모가 될 수 있습니다.

그럼 마지막으로 아이에게 공감하고 객관적으로 상황을 살피는 능력을 기를 방법을 한 가지 더 살펴봅시다. 아이를 보면 어떤 사람이 보이는지 생각해보는 것입니다. 종이 위에 다음 질문에 답을 적어봅시다.

- 당신 아이는 누구를 닮았나요? 당신을 닮았습니까, 배우자를 닮았습니까?

- 행복한 삶을 사는 사람 외에 아이가 어떤 사람이 되었으면 좋겠습니까?

- 당신이 유년 시절에 후회한 일 혹은 성인이 된 뒤에도 여전히 후회하는 일이 있습니까? 당신과 달리 아들이 절대로 하지 않았으면 하는 실수는 무엇입니까?

- 살아가면서 당신을 힘들게 했지만 아들은 그 일 때문에 힘들지 않았으면 하는 일은 무엇입니까?

- 당신의 어린 시절에 중요한 영향을 미친 경험이 있나요? 당신이 했던 경험 가운데 아들도 반드시 하기를 바라는 경험이 있습니까? (가령 예를 들어 당신이 갔던 여름 캠프나 당신이 졸업한 대학교에 갔으면 하는 바람이 있나요?)

- 아이가 관심을 보이는 일 가운데 당신의 관심과 일치하는 일은 무엇이고 다른 일은 무엇인가요?

- 아이가 관심을 보이는 일 가운데 당신 마음에 드는 것은 무엇입니까? 당신이라면 1백만 년이라는 시간을 살아도 절대로 관심이 갈 것 같지 않은데 아이는 흥미로워하는 일은 무엇입니까? 당신이 허락해줄 수 없거나 마음에 안 드는 관심은 무엇입니까? 아이가 시간만 낭비하고 있는 것 같은데 관심 있어 하는 일은 무엇입니까? 그런 생각이 드는 이유는 무엇입니까?

- 아이가 자신을 나쁘게 평가하는 일은 무엇입니까? 아이가 스스로를 낮추며 언짢아하는 점은 무엇입니까? 아이가 자신은 도저히 할 수 없다고 규정한 일은 무엇입니까?

- 아이의 특성을 쭉 적어봅시다. 객관적이고 온화한 관찰자가 되어 써나가야 합니다. 아들이나 아이라는 호칭을 사용하면 안 됩니다. 아들의 이름을 정확하게 적어야 합니다.

내 아들은 왜
하기도 전에 포기할까?

지금쯤이면 당신 아들이 게으르다는 믿음을
버렸기를 바랍니다. 아들도 학교에서 잘해야겠다는 생각이 없는 것은
아닙니다. 최선을 다해야 한다는 생각에 여러 감정을 동시에 느끼고
있는 것뿐입니다. 공부를 해도 성적이 오르지 않으리라는 불안을 느끼
고 있을 뿐인데 그 불안은 어른이 된다는 사실 때문에 느끼는 양가감정
이 원인일 수도 있습니다.

자부심 문제는 모든 10대가 뚫고 나가야 할 어려움 가운데 하나이지
만 지레 포기하는 아이들에게는 뚜렷한 특징이 있습니다. 간단하게 살
펴볼 수 있도록 이 책에서는 아이들 유형을 크게 네 가지로 구분하려고
합니다. 각 유형은 어느 정도 겹치는 부분이 있는데 당신의 아들은 아
마도 한 가지 이상의 유형에 해당할 것입니다. 해당하는 유형을 살펴
보는 동안 아들이 지레 포기하는 이유를 좀 더 분명하게 알 수 있게 될
것입니다.

반항하는 아들

———

패트릭 오도넬은 부모님과 선생님 외의 어른을 아주 공손하게 대하는 아이입니다. 친구들의 부모님, 부모님의 친구들, 심지어 치료사인 나까지도 패트릭이 권위자를 향해 보여왔던 반감을 드러내리라고 걱정할 이유가 전혀 없었습니다. 하지만 부모님과 선생님에게는 다릅니다. 패트릭은 자기가 다니는 유명한 사립학교는 하나부터 열까지 잘못되어 있다며 불만을 늘어놓았습니다. 패트릭의 말에 따르면, 아이들을 조금도 신경 쓰지 않는 학교 정책은 완전히 엉망이었고 학교에서 배우는 교과목은 실생활과는 전혀 관련이 없었습니다. 사실 패트릭이 학교 숙제를 할 수 없는 이유는 독서를 아주 많이 하기 때문입니다. 패트릭은 〈뉴욕 타임스〉를 좋아했고 정치 관련 책을 읽었습니다. 하지만 패트릭의 성적표에는 그런 열정이 반영되지 않았습니다.

근면하고 엄격한 패트릭의 아버지는 뉴욕에 있는 유명한 법률 회사 공동 대표였습니다. 그런 아버지였으니 아들 성적이나 공부 습관, 의욕 없는 모습 등을 지적하며 자주 혼을 냈습니다. 심지어는 패트릭이 숙제를 잘하면 돈을 주겠다는 말까지 했습니다. 하지만 더 많은 제약을 가할수록 패트릭은 고집스럽게 꼼짝도 하지 않으면서 자기가 공부하지 않는 이유는 학교와 아버지 때문이라고 비난했습니다. 패트릭은 자신으로서는 어찌 해볼 도리가 없었던 부모님의 이혼 과정을 접하며 화나 있었습니다. 어찌 보면 패트릭이 학교생활을 엉망으로 하는 이유는 부모님에게 복수하기 위함이었습니다. 학교생활을 엉망으로 하면 부모님이 화를 냈는데, 부모님이 화를 낸다는 것은 자신이 그 상황을 통제하고 있다는 뜻이었으니까요.

패트릭은 전형적인 '반항하는 아들' 유형입니다. 반항하는 아들은 보통 똑똑하고 자기 견해도 뚜렷합니다. 투지 넘치는 아이는 싸움이 일어나기만을 기다립니다. 10대의 반항을 부모의 권위와 (가끔은) 선생의 권위에 도전하는 치열한 시합으로 바꾸어버립니다. 아들의 목적은 어떤 대가를 치르더라도 자신의 독립성을 지키는 것인데, 이런 아들의 부모는 자녀를 지나치게 통제하는 경우가 많습니다. 아들이 반항하는 이유는 화가 났기 때문입니다. 나를 찾아왔을 때 패트릭의 부모는 완전히 지쳐 있었습니다. 전투에서 패배했다는 느낌을 받고 있었습니다.

패트릭의 이야기가 마치 당신 아들의 이야기 같다면, 당신은 아들의 적이 되었다는 사실을 이해해야 합니다. 어쩌면 당신은 아들이 어렸을 때 상위권 성적을 유지하게 하려고 아주 강하게 개입했을 수도 있습니다. 그 때문에 이제 아들은 당신을 권좌에서 끌어내리는 것 외에는 원하는 일이 없게 되었는지도 모릅니다. 또한 아들이 점점 나빠지는 성적을 가지고 당신과 협상을 벌이는 상황을 너무 오랫동안 용인해왔는지도 모릅니다. 아들과 벌이는 이런 협상은 권력 투쟁이라는 가면을 덮어쓰는데, 10대 아이를 양육할 때 권력 투쟁은 죽음의 덫이 되어버립니다. 부모를 상대로 벌이는 권력 투쟁에서 10대 아이들에게 중요한 것은 오직 자율과 통제이기 때문에 아이로서는 잃을 것이 하나도 없습니다. 오히려 아이는 부모에게 이기려고 투쟁 강도를 가능한 한 높이려고 합니다.

아무 일도 하지 않는 아들

────

맥스의 부모는 절망적이었습니다. 두 사람은 누구든지 아들에게 숙제를 해야 한다는 사실을 알려주기를 바랐습니다. 맥스는 학교 성적이 엉망이었고 대학교에 가기 힘들 지경이었습니다. 하지만 지역 사회 명물이기도 했습니다. 학교 무도회 때 가끔 디제이를 했던 맥스는 이제 결혼식이나 유대교 성인식 파티에서 공연을 할 정도로 바쁜 1인 연예기획사 연예인이 되었습니다. 예능인으로서 맥스의 장래는 유망했습니다. 하지만 디제이 일 때문에 학교생활을 할 시간이 거의 없었습니다. 숙제도 일주일에 두 번 부모님이 부른 가정교사가 올 때만 했고, 밥도 쟁반에 담아 방으로 가져다주어야만 먹었습니다. 열여섯 살이나 되었는데도 맥스는 혼자서 입을 옷을 고르지 못해 어머니가 골라주는 옷을 입었습니다.

아무 일도 하지 않는 아들은 자기가 바닥에 벗어놓은 옷 한 번 줍는 법이 없고 설거지 한 번 한 적이 없으며 스스로 숙제조차 하지 못합니다. 사실 아이로서는 그런 일을 해야 할 필요가 없습니다. 늘 부모가 주위에 있으면서 필요한 일을 다 해주니까요. 아이가 지나치게 태만해지는 이유는 부모가 아이에게 많은 물질을 제공하기 때문만이 아닙니다. 지나치게 많은 일을 해주기 때문입니다. 따라서 지나친 태만 문제는 부유한 가정에 국한된 문제가 아닙니다. 아무 일도 하지 않는 아들의 부모님은 물론 의도는 좋았습니다. 이런 아들의 부모님은 아들이 겪고 있는 주의력결핍과잉행동장애 같은 문제를 보상해주려고 노력할 때가 많습니다. 성적을 올리는 일 외에는 아무 요구도 하지 않고 기대를 낮추는 것이야말로 부모로서 아주 잘하고 있는 일이라고 믿습니다.

그 때문에 이 아들들은 자신이 정말로 특별한 존재이며 무엇을 하든 쉽게 할 수 있으리라고 믿게 됩니다. 이 아이들은 부모님이 고용한 가정교사, 운동부 감독, 치료사에게 의지하고 있으면서도 자신이 조금만 노력해도 많은 일을 할 수 있다는 환상을 품게 됩니다. 아무 일도 하지 않는 아들은 분명히 바뀌어야 합니다. 하지만 아들 못지않게 부모도 바뀌어야 합니다.

누구에게나 사랑받는 아들

캐머런은 버스로 이동하는 시간도 파티 시간으로 만들 수 있는 아이였습니다. 언제나 경쾌하고 유쾌한 캐머런은 들으면 기분이 좋아지는 음악만 들었고, 삶의 모든 부분에 즐거움을 우선순위로 두었습니다. 캐머런의 별명은 '캠스터'입니다. 주변 사람들은 대부분 그를 좋아했습니다. 캐머런은 가끔 건방진 모습을 보이곤 했지만 다른 사람을 깎아내리지는 않았습니다. 축구부 스타였던 그는 당연히 학교생활보다는 운동과 사교생활을 중요하게 생각했습니다. 대학교에 장학금을 받고 진학할 수 없을지도 모른다고 생각하기 전까지는 말입니다. 캐머런은 자신의 우선순위가 바뀌어야 한다는 사실을 깨달았습니다.

궁지에 몰린 캐머런은 열심히 치료를 받는 일 외에는 달리 선택의 여지가 없었습니다. 캐머런이 얼마나 경쟁심이 강한지 알고 있었기에 나는 그 아이가 좋아하는 사탕 한 봉지를 걸고 한 달 동안 하루도 빼지 않고 숙제를 하면 사탕을 주겠다고 했습니다. 당연히 나는 내가 내기에서

지기를 바랐고, 정말로 졌습니다. 또한 나는 지능은 타고나기 때문에 노력으로 똑똑해지는 않는다는 캐머런의 생각도 깨주려고 노력했습니다. 이런 노력들은 효과가 있었고 캐머런의 성적은 올라갔습니다.

인기인 아들의 인생은 겉으로 보기에는 그보다 좋을 수가 없습니다. 뛰어난 운동선수이거나 사람을 끄는 엄청난 매력을 가진 아이니까요. 사람들은 아이의 타고난 재능에 감탄하고 그의 개인적인 매력과 카리스마에 끌립니다. 그는 자기 재능이 불러오는 즉각적인 만족에 익숙해져 있습니다. 아이의 미래는 밝아 보입니다. 앞으로도 행복하게 살지 않을 이유가 전혀 없어 보입니다. 자기 재능으로 충분히 대학교에 가고 운동 장학금을 받을 수 있으리라고 확신합니다. 하지만 마음속 깊은 곳에서는 자기 지능을 의심합니다. 지금까지는 어찌어찌 해온 것이라고 생각합니다. 당신도 아들이 친구들과 어울려 흥청망청 놀기만 해도 크게 간섭을 하지 않았을 것입니다.

자신감이 없는 아들

안타깝게도 에이든의 세련된 유머는 같은 또래의 학생들에게는 통하지 않았습니다. 에이든의 예리한 유머 감각을 '이해하는' 사람은 거의 없었습니다. 에이든의 부모님은 아들이 영리하다는 사실을 알았기에 그의 성적이 나쁘다는 사실에 더욱 화가 났습니다. 직업 적성 검사를 한 뒤에 선생님은 에이든이 조경 설계사가 되는 것이 좋겠다고 말했습니다. 선생님은 좋은 의도로 말했지만, 그런 말은 오히려 에이든 부모님의 화를 돋우었을 뿐입니다. 어른들의 이런 반응은 에이든에게 자신은 어른들의 기대에 미치지 못하는 아이라는 기분이 들게 했습니다. 에이든은 기술과 관련된 일이라면 무엇이든지 사랑했고, 친구들보다 컴퓨터 지식이 월등하게 뛰어나다는 사실에 자부심을 느꼈지만 선생님은 에이든을 그저 노력이 부족한 아이로만 보는 것 같았습니다. 에이든은 선생님들이 자신을 좋아하지 않는다며 불평했습니다. 에이든은 자기에게 소질이 있다는 생각이 들고 친구들도 인정해주는 비디오 게임의 세계로 도망쳤습니다.

다른 사람들은 똑똑하다고 인정하지만 확신이 없는 아들은 자기 능력에 자신이 없고 사회적으로도 불안해합니다. 자기 힘을 도무지 발견할 수 없는 아이는 무기력해지고, 자신은 어떤 일이든 제대로 해내지 못하리라는 생각에서 벗어나지 못합니다. 그 때문에 힘껏 노력하고 똑똑하지 않다는 평가를 받기보다는 노력하지 않는 쪽을 택합니다. 반항하는 아들이나 아무 일도 하지 않는 아들과 달리 확신이 없는 아들은 자기 분노를 부모에게 직접 표출하지도 않습니다. 그보다는 자신에게 화를 내기 때문에 우울증에 걸릴 수도 있습니다.

부모인 당신은 노력을 전혀 하지 않는, 확신 없는 아들 때문에 정말로 좌절하고 있겠지만 그 아이에게 일어나고 있는 일을 언제나 정확하게 알고 있지는 못합니다. 아들은 어쩌면 부모는 알 수 없는 학습 문제를 겪고 있는지도 모릅니다. 부모는 아들이 아주 불안해한다는 사실을 눈치채지 못하고 학습 목표를 너무 높게 잡고 있는지도 모릅니다.

지금까지와는 다른
방식으로 질문해야 한다

지금까지 '지레 포기하는' 아이들을 만나보았으니, 이제 '내 아들은 게으른 것뿐'이라는 패러다임을 버리고 새로운 패러다임을 정립해봅시다. 그러려면 몇 가지 오해도 버려야 합니다.

버려야 할 오해 1: 남자아이들은 도전을 기꺼이 받아들인다

당신의 아들은 지적으로나 감정적으로 아이 앞에 놓인 모든 도전을 기꺼이 받아들일 준비가 되었다고 믿고 있나요? 아니, 절대로 그렇지 않습니다. 남자아이들은 대부분 그런 도전 앞에서는 지레 포기해버립니다. 지난 20년 동안 공을 차 넣어야 했던 골대가 이동했기 때문입니다. 즉 아이들에게 요구하는 교육 성취 수준이 너무나도 높아졌습니다.

나 같은 교육 및 심리 분야의 전문가들은 현재 학습 장애나 주의력결핍과잉행동장애 같은 진단을 받는 어린 학생이 증가하는 이유를 빨라진 학습 과정에서 찾고 있습니다. 교육 전문가들은 또한 아이의 초등학교 입학을 1년 늦추려 하는 수많은 부모에게도 주목하고 있습니다. 예전에는 학습 과정이 감당할 만했기 때문에 학습 장애가 조금 있는 아이도 결국 혼자 힘으로 학과 과정을 쫓아올 수 있었습니다. 하지만 지금은 학습 장애가 없는 아이도 힘들어하는 상황입니다.

수십 년 전에는 학습 의욕이 없는 남자아이들은 대기만성형 인재라고 불렀습니다. 하지만 이제는 학습 부진아라고 부릅니다. 대기만성인 아이들은 따라잡을 기회가 있었지만 학습 부진아는 멀찌감치 뒤처져 버립니다. 대기만성인 아이들은 결국엔 자기 갈 길을 찾지만 학습 부진아는 도움을 받아야 합니다. 그것도 당장 말입니다. 그런데 아이가 좀 더 능률적인 사람으로 자라게 돕는 일이 언제나 생각했던 결과를 내지는 않습니다. 물론 그런 일들이 도움이 될 수도 있지만 아들의 '근본 문제'를 해결해주지는 않습니다.

버려야 할 오해 2: 내 아들은 모든 잠재력을 발휘하지는 않았다

열 살이었을 때 나는 아주 놀라운 말을 들었습니다. 내가 가지고 있는 잠재력을 모두 발휘하지는 않는다고 담임 선생님이 어머니에게 말했다는 것입니다. 좀 더 노력할 수 있도록 자극하려고 한 말이었겠지만 내가 느낀 것은 혼란뿐이었습니다. 선생님 말씀은 내가 충분히 똑똑하지는 않다는 말처럼 들렸습니다.

지레 포기하는 아이들에게는 '더 많은 잠재력'이 있기 때문에 그 잠재력을 발휘할 수 있게 해주어야 한다는 오해가 널리 퍼져 있습니다. 잠재력이란 양의 탈을 쓴 늑대와 같습니다. 성장을 말하는 것 같지만 사실은 경쟁을 부추기는 용어입니다. 부모가 자기 아들은 잠재력을 모두 발휘하지 않고 있다고 말하는 것은 사실 '우리 아들은 정말 영리하니 잠재력을 100퍼센트 발휘하면 분명히 반에서 1등을 할 수 있을 것'이라는 뜻입니다. 이런 말이 위험한 이유는 과정이 아니라 결과를 강조한다는 데 있습니다. 열여덟 살이 되기 전까지 자신이 가진 모든 잠재력을 발휘하고자 경쟁을 벌이고 있는 아이들은 바로 그 경쟁 때문에 성공을 위해 가장 필요한 일들을 제대로 누리지 못합니다. 실패를 통해서 배울 수 있는 여유, 스스로 시도해보면서 배우는 자유, 성장하는 데 필요한 시간 말입니다. 이런 것들을 위해 청소년기가 있는 것인데도 현대인들은 그 과정이 아주 빨리 지나가기를 바랍니다.

하지만 그보다 더 문제가 되는 것은 따로 있습니다. 학교 과제나 수행평가를 할 때 부모님이나 가정교사의 도움을 받지 않고서도 혼자서 해낼 수 있는 능력, 모든 시간을 학과 공부를 하는 데 쓰지 않고 가정일을 할 수 있는 시간을 확보하는 능력, 작은 실패나 좌절을 경험하고도 일어나 다시 시도하는 능력 등을, 즉 아이들이 배워야 하는 중요한 것들을 제대로 가르쳐줄 수 없다는 점입니다. 아이들의 잠재력을 이야기할 때 부모는 반드시 자기 자신에게 물어봐야 합니다. '무엇을 위한 잠재력이란 말이야?' 하고 말입니다.

버려야 할 오해 3: 모든 일을 해주는 것이 도움이 된다

지난 50년간 성장하는 경제 속에서 살아온 현재 부모들은 이제 아이들 세대는 자기 세대보다 경제적으로 더 나은 세상에서 살아갈 수는 없으리라는 사실을 깨닫고 있습니다. 역사학자 파울라 파스Paula Fass는 이런 걱정 때문에 부모들이 자기 아이가 미래를 위해 더 많은 준비를 해야 한다고 생각하며 아이들을 심하게 재촉하게 되었다고 했습니다. 또 부모들이 아이를 완벽하게 통제하려 한다고 했습니다. 많은 부모가 충분히 감시하고 가르치고 지도한다면 아이의 타고난 발달 경로를 바꾸어 아이의 경쟁력을 떨어뜨리는 선천적인 단점도 보완할 수 있다는 그릇된 믿음을 갖고 있습니다. 그리고 자기가 관여하면 아이가 또래집단에서 우두머리가 될 수 있다는 확신을 가지고 지나치게 간섭하고 통제합니다. 앞으로 살펴보겠지만 이런 식으로 아이들에게 간섭하고 미리 돕는다면 결국 당신 아들은 지레 포기하게 됩니다. 부모의 이런 시도들은 결국 아이들이 미래를 준비하지 못하게 만들어버립니다.

임상심리학자로 20년 이상 아이들을 치료하면서 알게 된 사실은 무엇보다도 지레 포기하는 아이들에게는 필요 없는 압력은 줄이고 스스로 성장할 시간을 주어야 한다는 것입니다. 하지만 부모가 아이들에게 가장 적게 주는 것이 바로 시간이고 가장 많이 주는 것은 압력입니다. '헬리콥터 부모'는 아이에 대한 사랑이 지나쳐서 아이에게 과도한 관심을 쏟아붓습니다. 하지만 그 때문에 아이가 스스로 공부를 해야겠다는 동기를 가질 수 있는 기회도 생산력을 향상할 기회도 줄어들고 맙니다.

이 책을 다 읽을 때쯤이면 당신은 패러다임이 바뀌고 아들은 게으르지 않다고 생각할 것입니다. 아들의 뇌는 여전히 발달하고 있음을 알게 될 것입니다. 당신은 지금까지와는 다른 방식으로 아이에게 질문하고 아이 대답에 귀를 기울이는 법뿐만 아니라 아이에게 필요한 신뢰를 주는 법도 배울 것입니다. 그때부터 아이는 자기 자신을 믿게 될 테고 말입니다.

2장

너무나도 빠르게 변화하는
아들의 몸과 마음

10대에게는 갑자기 모든 것이 완전히 바뀐 것처럼 느껴진다

현재 당신이 살고 있는 동네를 걷고 있다고 생각해봅시다. 당신이 보기에는 모든 것이 어제와 다름없이 똑같습니다. 건물도 같고 거리에 서 있는 전신주도 같고 잠깐 한눈을 팔다가 걸려서 휘청거리게 되는 도로 위 갈라진 틈도 같습니다. 언제나 같은 동네입니다. 익숙한 곳에 있으면 안전하다는 기분을 느낍니다. 이제 다시 같은 길을 걷는다는 상상을 해봅시다. 그런데 이번에는 무언가 조금 이상합니다. 처음에는 정확히 어디가 이상한지 알지 못합니다. 그러다 간신히 눈치챌 수는 있을 정도로 거리의 모든 건물이 작아졌음을 깨닫습니다. 건물들 길이가 3센티미터에서 5센티미터 정도 줄어든 것입니다. 자, 다시 한번 그 거리를 걸어봅시다. 이번에는 좀 더 큰 변화가 있었습니다. 세탁소와 약국의 위치가 바뀌었습니다. 이것이 바로 사춘기 아이들이 겪는 감정 변화입니다. 10대 아이들은 세계가 그 아이들의 눈앞에서 완전히 바뀌어버린 것처럼 느낍니다. 자기 자신과 친구들, 심지어 부모님까지 모든 것이 바뀐 것처럼 느낍니다.

그러니 아들이 어떤 기분을 느끼고 어떤 행동을 할지 예측할 수 없는 것도 당연합니다. 성숙하고 섬세한 아들처럼 보이는 순간도 잠시, 당신 아들은 갑자기 두 살 어린아이로 돌아가버립니다. 아들의 겉모습은 아들이 느끼는 감정을 반영합니다. 당신의 10대 아들은 세계 정치에 관해 자기 의견을 말할 만큼 지적인 모습을 드러낼 때도 있지만 지적인 모습하고는 전혀 상관이 없을 때도 있습니다. 나이를 거꾸로 먹은 것 같을 때도 있고 까닭 없이 불쑥 화를 내기도 합니다.

10대는 원래 일관성이 없는 시기입니다. 생애 처음으로 10대 아이들은 진정한 공감 능력을 형성해나갑니다.(공감 능력이란 다른 사람의 입장에서 상대방의 마음을 헤아릴 수 있는 능력입니다.) 하지만 지구에서 둘째가라면 서러울 만큼 자기중심적이기도 합니다. 지적 능력도 놀라울 정도로 발달합니다. 사춘기 아이들은 '민주주의'라든가 '정의' 같은 추상적인 개념도 이해할 수 있습니다. 그러나 사춘기는 또한 충동, 정확하지 않은 판단력, 틀린 선택들로 점철된 시기이기도 합니다. 처음에는 기뻐서 어쩔 줄 모르다가도 어째서 한순간에 (겉으로 보기에는) 감정이 확 바뀌어 화가 나서 길길이 날뛸 수 있는 건지 도무지 이해할 수가 없습니다. 그런 아이를 바라보아야 하는 부모는 당신만이 아니니, 크게 걱정할 필요는 없습니다.

10대는 육체와 정신, 감성이 모두 큰 변화를 겪는 시기입니다. 아들이 사춘기를 통과해나가는 모습을 지켜보는 일은 근사하기도 하지만 두렵기도 합니다. 몸이 자라고 의식이 성장하고 좀 더 독립적으로 변하는 아들을 보는 일은 행복합니다. 하지만 아들이 너무나도 빠르게 변한다는 사실은 아이를 비롯해, 아이와 관계를 맺고 있는 모든 사람의 마음을 심란하게 합니다. 아들은 신체 변화에도 적응해야 하지만 그와 함께 아주 근원적인 문제들도 해결해내야 합니다. 불과 몇 년 전만 해도 고민할 필요가 전혀 없었던 문제들이 앞으로 몇 년 동안은 아들의 의식에 자리 잡고 앉아서 어린아이에서 한 사람의 어른으로 탈바꿈하려면 반드시 알아야 하는 문제들로 바뀌고, 아들은 그 문제들을 처리하려고 고민하게 될 것입니다. '나는 누구이고, 무엇을 믿어야 하며, 어떤 사람이 되어야 하고, 그러려면 어떻게 해야 하는가' 같은 문제 말입니다. 물론 이런 문제는 나이에 상관없이 평생 고민해야 합니다. 하지만 이런 문제가 마음의 일부를 차지하고 있는 어른과 달리 10대들의 마음은 이 문제로 꽉 차 있습니다. 이 문제들은 청소년이 날마다 내려야 하는 모든 결정에 영향을 미칩니다. 청소년의 성장 과정에서는 뗄 수 없는 이런 자기 탐구 문제는 흥미롭기도 하지만 무겁게 내리누르는 추처럼 갑갑하기도 합니다.

그런데 자아를 발견하는 이런 과정에 너무나도 혼란스러워하는 10대들도 있습니다. 스케이트장에서는 무모한 위험도 자청해서 감수하는 아이들이지만 학교에서는 조그마한 실수도 하고 싶지 않아 두려워합니다. 그저 조금 완벽하지 못한 결과물을 가지고도 자기가 제대로 이해하지 못하는 사람이라는 사실이 드러날까 봐 전전긍긍합니다. 이것이 10대 아이들이 지레 포기하는 가장 큰 이유입니다. 아이의 성장 과정을 강이라고 생각하면 당신의 아들은 소용돌이 속에 갇혀 있다고 할 수 있습니다. 구체적으로 설명하자면 소용돌이는 장애물 때문에 물의 흐름이 막혀 아무 목적 없이 장애물 주위를 빙글빙글 돌고 있는 물줄기라고 생각하면 됩니다. 지레 포기하는 아들을 돕고 싶다면 장애물이 숨어 있는 장소를 찾아내야 합니다. 당신의 아들은 게으르지 않습니다.

아이가 통제할 수 없는 일들이 아들 삶에 소용돌이를 만드는 가장 큰 원인일 수도 있습니다.

2장에서는 여러 장애 가운데서도 아주 중요한 장애들을 살펴볼 것입니다. 신체와 인지 능력, 감정이 발달하는 속도 말입니다.

아들이 느끼는 양가감정

10대 아이가 어떻게 자랄지 알고 싶다면 10대 아이가 성장하면서 무엇을 뒤에 남기는지를 반드시 이해해야 합니다. 마샤 레비 워런Marsha Levy-Warren 박사는 아주 쉽게 아이들의 상황을 설명했습니다. "어린아이들은 그저 큰 것과 작은 것으로 나눌 수 있는 세상에서 스스로 아주 작다고 생각하며 살아갑니다. 아주 큰 사람들이 아주 작은 사람들을 돌봐준다고 생각하기 때문에 안심하며 살아갈 수 있습니다." 어린아이들은 부모의 눈을 통해 세상을 봅니다. 자신이 어디에 속해 있는지 알고 있기 때문에 자기가 누구인지도 압니다. 어느 팀에 속해야 하고 어떤 종교를 믿어야 하며 어떤 어른으로 커야 하는지를 어린아이들은 잘 압니다. 엄마와 아빠는 왕과 여왕이기 때문에 자기 세상을 통치하는 것이 당연합니다.

자신은 작은 존재이고 부모가 자신을 돌봐준다는 느낌을 받고 있는 어린아이들은 일관성이라는 중요한 감정을 느낄 수 있습니다. 생애 첫해에 아이들은 완만하게 성장합니다. 오늘도 자신은 어제와 같은 사람이라는 생각을 하면서 눈을 뜹니다. 평화롭기만 하다면 어린아이는 엄마와 아빠가 통치하는 시대가 영원히 지속되리라고 믿습니다. 어린아이의 세상은 영원히 변하지 않습니다. 언제나 동일한 일과 상황이 반복되는 안전한 공간입니다. 이 같은 환상은 초등학교에 들어가서도 사라지지 않습니다. 아이들은 자신이 결국 어른이 되어도 부모가 자신을 돌봐주지 않는 삶은 상상조차 하지 못합니다.

작은 남자아이들은 자라기 마련이고 결국 남자가 됩니다. 그러나 어른들 세상에서(어린아이들 세상에서와 마찬가지로) 나이 드는 과정은 크게 인지하지 못하는 상태에서 진행됩니다. 슬그머니 중년이 되었다가 어느새 노년이 되었음을 깨닫습니다. 하지만 청소년기의 시간은 다르게 흘러갑니다. 청소년기에는 어느 날 갑자기 큰일이 벌어지는 것처럼 느껴집니다. 실제로 사춘기는 몇 년에 걸쳐 진행되지만 생식기 주변에 짧게 솟아나는 작은 음모만큼 아이를 놀라게 하는 일은 없을 겁니다. 언제나 변함없던 세상은 하룻밤 사이에 완전히 변해버린 것처럼 느껴집니다. 사춘기가 되면 어린아이가 갖는 일관적인 느낌은 사라지고, 일관성을 토대로 세상을 이해하던 마음도 흐트러집니다. 일관성은 새롭게 형성된 커다란 자아를 편하게 느낄 수 있을 때에만 다시 돌아옵니다. 완전히 다른 사람으로 바뀔 리는 없지만, 부모조차도 자기 아들이 어떤 어른으로 자랄지 알 수 없습니다. 아들 앞에는 무척 어려운 도전이 기다리고 있습니다. 이전 세상에서 나와 다른 세상으로 들어가는 일은 한 사람의 인생에서 가장 어려운 변화 과정입니다. 완성되기까지 수십 년이 필요한 과정입니다. 10대 아이들의 어깨는 극도로 무거울 수밖에 없습니다.

자기 삶을 성공적으로 살아가려면 당신의 10대 아이는 어린 시절과는 달리 부모에게 의지하지 않고 스스로 하는 법을 배워야 합니다. 벌써 깨닫고 있겠지만 어린아이들의 의존성은 혹독하게 투쟁하지 않으면 무너뜨릴 수가 없습니다. 유아기는 청소년기에게 얌전하게 자리를 넘겨주지 않습니다. 당신은 아들이 유아기를 지나 청소년기로 넘어가는 온갖 징후를 목격하게 될 것입니다. 10대 초기에는 외출 금지 명령을 내릴 수밖에 없을 정도로 당신에게 심하게 덤비다가도 어느 순간에는 소파에 누워 있는 당신 옆자리로 파고 들어와 어리광을 부릴 것입니다. 세상에서 자기 사생활이 가장 중요한 것처럼 펄펄 뛰다가도 어느 순간에는 속옷 차림으로 온 집 안을 뛰어다닐 것입니다. 온 집 안에 아이 양말이 널려 있을 텐데, 그것은 아들 마음에 아직도 극진한 보살핌을 받던 어린아이처럼 대우받고 싶다는 소망이 있음을 나타내는 분명한 증거입니다.

하지만 당신의 아들은 당신에게서 벗어났다고 믿고 싶어 합니다. 어쨌거나 그는 자기 친구들에게는 그렇게 말합니다. 친구들과 있을 때면 아들은 아주 크고 거친 남자처럼 행동합니다. 친구들과 피자 가게까지 걸어가고 혼자서 여기저기 돌아다니기를 좋아합니다. 당신은 아직 이르다고 믿는 일들을 자신은 준비가 되었다고 생각합니다. 그러면서도 당신의 보살핌을 받고 싶어 합니다. 사춘기는 유아기와 성년기를 가르는 강입니다. 그 강 위에 놓여, 의존적인 아이가 독립적인 성인으로 갈 수 있게 해주는 다리가 바로 양가감정입니다.

많은 사람이 양가감정을 제대로 이해하지 못합니다. 양가감정을 어떤 특정한 일을 하고 싶다는 강한 감정이 들지 않는 상태라고 생각하는 사람이 많습니다. '영화를 보러 가도 되고 그냥 집에 있어도 돼. 어느 쪽이든 상관없어.'라는 식으로 느끼는 것이 양가감정이라고 여깁니다.

하지만 실제로 양가감정이란 서로 경쟁할 때가 많은 아주 강렬한 두 감정이 동시에 든다는 뜻입니다. '나는 정말로 영화를 보러 가고 싶어. 나는 정말로 집에 있고 싶어.'라는 감정이 드는 것입니다. 극장에 가는 동시에 집에 머무는 일은 불가능하지만 살다 보면 아주 기대가 되고 신나는 동시에 너무나도 무서운 일은 존재할 수 있습니다. 새로운 직장에 출근하는 일처럼 말입니다. 양가감정은 앞으로 나가게 하는 동시에 움츠러들게 합니다. 당신 아들은 정말로 성장하기를 바라지만 동시에 정말로 어린 시절에 머물기를 바랍니다.

양가감정이야말로 청소년기를 규정하는 본질입니다. 아들 때문에 당신이 미칠 것 같은 이유는 바로 이 양가감정 때문입니다. 양가감정은 아들의 거의 모든 것을 규정합니다. 가끔은 아주 당당하게 양가감정이라는 다리의 한쪽 끝부분에 놓인 '독립심'을 향해 걸어갈 테고, 그럴 때면 아들만큼이나 당신도 아들이 자랑스러울 것입니다. 하지만 이 아들은 '의존성'이라는 다리 끝부분으로 걸어갈 때도 있습니다. 이 의존성이 부모를 꼭 끌어안아주는 형태로 나타난다면 부모의 마음은 아주 포근해지고 따뜻해지겠지만 서로 고함을 지르고 싸우는 형태로 나타난다면 절대로 평온한 마음을 느낄 수 없을 것입니다.

무슨 일이 있어도 부모에게 들키고 싶지 않은 것

부모에게 의존하던 아이가 독립적으로 바뀌는 변화는 사춘기의 신체 변화와 함께 시작합니다. 오랫동안 지속돼 온 일관성이 사라진다는 것은 아들의 신체가 변하고 있음을 나타내는 첫 번째 징후입니다. 아이는 아주 크지는 않지만 작지도 않습니다. 어린아이임이 분명했던 특징들은 완전히 사라집니다. 키가 크고 털이 많아지고 냄새가 나기 시작합니다. 청소년기의 첫 2년 내지 3년 동안 아들의 골격은 45퍼센트가량 증가하고 뼈의 전체 질량은 37퍼센트가량 늘어납니다. 내가 상담한 아이들은 한 주 만에 부쩍 자라 있는 경우도 많았습니다.

청소년기에는 신체가 제멋대로 자랍니다. 성의 발달 과정을 측정하는 기준을 세운 제임스 태너 James Tanner는 "남자아이는 재킷이 작아지기 전에 바지가 작아진다."라고 했습니다. 10대 남자아이들은 몸통에 비해 훨씬 길어진 팔다리를 어떻게 사용해야 하는지 몰라 아주 어색하게 움직이곤 합니다. 성인 신발을 신지만 옷은 아동 매장에서 고르는 시기도 거칩니다. 아주 커져버린 발은 무척 곤란합니다. 갑자기 커진 골격과 함께 증가한 근육 덕분에 운동 분야에서 두각을 나타내는 아이도 있습니다. 어린아이였을 때는 남들보다 앞섰지만 그 이점을 상실하는 아이도 있습니다. 신체에 생기는 이런 변화 때문에 아이들은 부쩍 남을 의식하게 되는데, 그 이유는 성이 발달하기 때문이 아니라 자신에게 확신을 갖지 못하기 때문입니다. 사춘기 청소년들은 자기가 '제대로' 하고 있다는 확신을 절대로 갖지 못합니다. 중학교 1학년을 마치고 2학년으로 올라갈 때 자신의 친구들에게는 찾아오지 않는 변성기를 일찍 맞는 아이가 있는가 하면 모든 아이가 변성기에 접어들었는데도 아직도 어린아이 때의 목소리로 말하는 아이도 있을 수 있습니다.

사춘기가 되어 새로 갖게 된 몸은 조금 더 세심하게 보살펴주어야 합니다. 냄새도 없애야 하고 면도도 해야 하고 가끔은 소독까지 해야 합니다. 자기 일을 스스로 해내면서 아들은 독립을 향해 나가기 시작합니다. 지금도 아들에게 씻으라는 말을 하고 있나요? 아침이면 혼자서 일어납니까? 아들은 커진 몸과 강해진 힘을 바탕으로 자신을 다시 평가해야 합니다. 이제는 자기보다 작아진 부모님과 새로 관계를 맺는 방법도 알아야 합니다.

갑자기 성장한 신체는 아들의 심리에도 영향을 미칩니다. 신체가 갑자기 성장하면 아들과 아들의 유년기 사이에 신체 장벽이 생깁니다. 아이는 생애 처음으로 인생의 한 단계가 끝났음을 깨닫습니다. 아장아장 걷는 아이는 자기가 더는 아기가 아니라는 사실은 알지만 언제 아기에서 아이로 넘어왔는지를 분명하게 인지하지는 못합니다. 하지만 사춘기 아이는 그렇지 않습니다. 사춘기 아이들이 자신의 어린 시절은 아주 오래전에 끝난 것처럼 말하는 모습을 보면 정말 재미있습니다.

사춘기 아이들에게 어린 시절은 아주 다른 시간입니다. 사춘기로 넘어가는 경계를 건너는 순간 아이는 그전까지 인지하지 못했던 사실을 깨닫습니다. 시간이 흘러간다는 사실 말입니다. 흘러가는 시간을 체험한 아이들은 인생이 영원히 계속되지는 않는다는, 아주 무시무시한 사실을 깨닫게 됩니다. 인생은 영원하지 않다는 깨달음과 함께 이제 곧 어른이 될 테니 서둘러야 한다는 생각도 하게 됩니다.

사춘기가 되면 나타나는 변화는 또 있습니다. 아마도 부모들이 가장 참기 어려운 변화일 것입니다. 갑자기 아이는 부모와 말하기 싫어하고 부모가 자기 방에 들어오는 것을 참지 못합니다. 학교와 친구 이야기를 물어보지 않기를 바랍니다. 거실에서 부모와 함께 영화를 보기보다는 자기 방에서 혼자 영화를 봅니다. 얼마 전에 나는 열여섯 살 아이가 이렇게 말하는 것을 들었습니다. "가족한테는 관심 없어요. 뭘 하든 상관없고 같이 있고 싶지도 않아요. 아빠는 이런 내가 마음에 안 든대요. 난 전혀 상관없는데, 괜히 문제라면서 나를 귀찮게 해요."

사춘기가 오기 전에도 아이에게는 자신의 삶이 있었지만, 자기 삶의 모든 부분을 부모와 함께 나누었습니다. 부모는 컵케이크를 구워 아이 교실로 찾아가거나 선생님과 상담을 하고 아이가 세운 목표를 격려해주고 아이가 해낸 일을 함께 기뻐하고 축하해줄 수 있었습니다. 아이 친구들을 알았고, 아이 친구들을 집으로 초대해 재울 수도 있었습니다. 하지만 이제 비밀이 생긴 아들은 당신과 멀어지고 싶어 합니다. 아이 인생에서 성이 아주 중요한 요소가 되었는데, 그 사실을 알지 못하는 사람은 당신뿐입니다.

부모가 아들의 성생활을 인지하게 되는 계기는 전적으로 우연입니다. 아들은 자기 성생활을 어떤 일이 있어도 부모에게 들키고 싶지 않기 때문에 가능한 한 부모가 알지 못하도록 철저하게 막습니다. 《내 인생에서 나가! 그 전에 나랑 셰릴을 쇼핑몰에 데려다주고*Get Out of My Life, but First Could You Drive Me and Cheryl to the Mall?*》의 저자 앤서니 울프Anthony Wolf는 이렇게 말했습니다. "10대 남자아이들에게 성은 아주 중요하다. 자기 성생활을 부모에게는 절대로 들키고 싶지 않기 때문에 결국 남자아이들은 자신을 부모에게서 떼어놓는다." 남자아이가 부모에게 맞서 싸우는 기간은 영원히 지속되지 않습니다. 성을 편안하게 받아들이게 되면 아들은 다시 당신에게 자기 이야기를 털어놓습니다. 그리고 그때서야 비로소 젊은이는 자신의 삶을 진짜로 살아가기 시작합니다.

마음의 변화

사춘기에 겪는 신체 변화가 유년기를 빠져나오는 출구를 만든다면 사춘기 아이의 마음은 이제 삶의 의미와 존재의 의미에 대한 아주 중요한 의문을 풀어줄 비약적인 변화를 겪어야 합니다. 10대 아이들의 사고 능력에 생기는 변화는 그저 접혀 있던 생각이 펼쳐진다거나 활짝 꽃이 핀다는 말로는 부족합니다. 아이들의 사고 능력은 말 그대로 폭발적으로 발전합니다.

어린아이의 생각은 콘크리트로 만든 단단한 세상에 닻을 내리고 있습니다. 어린아이는 자신이 경험하고 만지고 본 일에만 논리를 적용할 수 있습니다. 자기가 관찰한 일이라면 논리적으로 설명하려고 시도하지만 추상 개념은 이해하지 못합니다. 어린아이가 '국가'라는 개념을 알고 있는 이유는 국가 안에서 살고 있기 때문입니다. 어떤 4학년 아이는 부모가 투표를 하는 모습을 봐서 민주주의 국가에 산다는 사실을 알 수도 있습니다. 그러나 그 아이에게 민주주의 체제 아래서 언론의 자유가 어떤 역할을 수행하고 있는지 설명해보라고 하면 아마 아이는 그저 눈만 껌뻑일 것입니다. 하지만 추상적 사고방식은 몇 달 안에 놀라울 정도로 발달할 수 있습니다. 나는 아직도 "깃털 1파운드와 벽돌 1파운드는 무게가 같다."라는 소리를 듣고 당혹스러웠던 순간을 생생하게 기억합니다. 추상적 사고는 어느 날 버튼을 딸깍하고 누르는 것처럼 갑자기 발달합니다.

추상적 사고는 개념적 사고conceptual thinking로 넘어가는 입구입니다. 어린아이와 달리 10대 아이들은 경험하지 않아도 이해할 수 있습니다. 직접 경험을 하지 않고도 마음속으로 자기가 생각한 이론을 시험해볼 수 있습니다. 이런 이론들은 사물이 어떻게 존재하는지를 좀 더 명확하게 이해할 수 있게 도와줄 뿐만 아니라 어떻게 될 수 있는지도 상상할 수 있게 해줍니다. 연역 추론과 귀납 추론을 이용하면 몇 가지 정보가 부족해도 흩어져 있는 사실들의 관계를 파악할 수 있습니다. 연역 추론은 보편 원리에서 출발해 개별 사례를 추론하는 방법입니다. '모든 고등학생은 숙제가 있다. 존은 고등학생이다. 따라서 존은 숙제가 있다.'라고 추론하는 것입니다. 귀납 추론은 연역 추론과는 반대 과정으로 추론합니다. 귀납 추론은 개별 사실을 이용해 보편 원리를 입증합니다. '델리카트슨(조리한 육류나 치즈 같은 음식을 파는 가게-옮긴이)에서 점심을 먹는 동안 나는 세 명의 아이를 보았다. 그러니 그 아이들은 그날 학교를 쉬는 것이 분명하다.'와 같은 추론이 귀납 추론입니다.

이런 추론을 할 수 있기 때문에 10대 아이들은 어른들을 깜짝 놀라게 하는 일을 할 수 있습니다. 원인과 결과를 이해하기 때문입니다. 물론 10대 아이들은 자기 행동이 불러올 결과를 전혀 생각하지 않고 행동할 때도 많습니다.

사람이 말로만 생각하는 것은 아닙니다. 시각-공간 추론 능력도 언어와 마찬가지로 발달해야 하는 아주 중요한 영역입니다. 시각-공간 추론 능력이 발달하려면 시각 패턴을 감지하고 공간 관계를 분석하는 등, 심상과 공간에 관해 이해할 수 있어야 합니다. 직소퍼즐을 맞추려면 시각-연역 추론 능력(퍼즐 조각을 끼어 넣을 공간을 확인하려고 상자에 그려진 그림을 확인하는 능력)과 시각-귀납 추론 능력(모퉁이를 채우고 하늘을 만들려고 파란색과 흰색 조각을 한데 모으는 능력)이 모두 있어야 합니다.

더 좋은 소식이 있습니다. 이제 당신의 아들은 생각에 관해 생각할 수 있게 되었습니다. 생각에 관한 생각을 메타인지라고 하는데, 메타인지 능력이 발달하면 10대 아이들은 자기 생각은 물론이고 다른 사람이 내린 결론을 평가할 수 있게 됩니다. 어린아이가 주변 상황을 판단하는 기준은 하나뿐이었습니다. 바로 자기 자신입니다. 어린아이에게는 자기가 세상의 중심입니다. 이기적이어서 그런 것이 아닙니다. 그것만이 세상을 보는 방식이기 때문입니다. 아이의 관점에서는 선생님은 자기가 선생님 앞에 있을 때만 존재하는 사람입니다. 자기가 집으로 가면 선생님은 교실 캐비닛에 들어가 다음 날 아침이 되어 아이가 다시 교실로 돌아갈 때까지 숨어 있는 사람입니다. 그러나 청소년은 멀리 내다볼 수 있고 다른 사람의 입장에서 생각할 수도 있습니다. 다른 사람의 시각으로 상황을 생각할 수 있는 새로운 능력 덕분에 청소년은 다른 사람의 감정에 공감하고 자아를 인식할 수 있습니다. 자기 자신과 다른 사람을 새로운 시각으로 볼 수 있는 능력을 얻었기 때문에 당신 아들은 이제 다른 사람의 시각도 고려할 수 있게 되었습니다. 따라서 귀가 시간을 어긴 벌로 아들에게 외출 금지 명령을 내린 당신에게 아들이 반론을 제기한다면 그가 이제 막 획득한 추론 능력을 활용하고 있음을 기억해야 합니다. 규칙은 단호하게 지키되 아들이 영리해지고 있다는 사실은 인정해주어야 합니다.

이제 당신 아들은 전적으로 새로운 세상을 탐구해나갑니다. 그 세상은 정치 세상, 예술 세상일 수도 있고, 심지어 영적 세상일 수도 있습니다. 10대 아이들을 상담하기 때문에 즐거운 것 중 하나가 바로 아이들은 자기가 새롭게 찾아낸 세상에 열정을 가지고 있다는 점입니다. 10대 아이들은 지적 대화를 할 수 있습니다. 여러 생각이 새롭게 발전하는 단계에서 아이들이 내린 결론에 지나치게 걱정을 할 필요는 없습니다. 10대 아이들에게 비판적 사고는 이제 막 형성되기 시작하는 사고 능력입니다. 아들에게 지금 세상에서 벌어지고 있는 사건이나 국어 시간에 읽은 책에 관해 물어봅시다. 그는 자신이 가장 좋아하는 비디오 게임에 관해 아주 흥미로운 이야기를 들려줄지도 모릅니다.

거짓말을 하지 않는
10대는 없다

추상적으로 생각할 수 있게 된 당신의 아들
에게는 또 한 가지 능력이 생깁니다. 도덕적으로 추론하는 능력입니
다. 옳고 그름을 판단하는 능력은 유아기부터 발달하기 시작합니다.
어린아이들에게 도덕은 원인과 결과의 문제입니다. 어린아이들은 벌
을 받지 않으려고 규칙을 따릅니다. 아이들 내면에서는 점진적으로 도
덕관념이 자랍니다. 처음에 아이들은 다른 사람의 인정을 받으려고 '좋
은' 어린이, '좋은' 친구, '좋은' 학생이 되려고 애씁니다. 두 번째 단계
인 초등학교 고학년이나 중학생이 되면 규칙을 지키는 것이 공동체 전
체에 유리하게 작용한다는 사실을 이해하게 됩니다.

도덕 발달의 정점은 아주 추상적인 관념인 '사회 계약'입니다. 사회
계약이라는 관념은 '공동의 이익'이라는 개념에 바탕을 두고 있습니다.
모든 사회 구성원은 어느 정도는 중앙 권력에 개인의 자유를 희생해
야 하며, 세관을 설립하고 법을 제정해 공동체 구성원의 권리를 보호
해야 한다는 개념입니다. 사회 계약 아래서 모든 구성원은 이득을 얻
습니다. 사실 이런 개념들은 20대가 된 뒤에도 완전히 이해하기는 어

려우며 어른 중에서도 평생 이해하지 못하고 살아가는 사람들이 있습니다. 사람들은 흔히 아이들은 10대가 되면 어른처럼 완전히 도덕적으로 성숙한다고 생각하는 경우가 많습니다. 하지만 마이클 톰슨Michael Thompson에 의하면 8학년, 즉 중학교 2학년 무렵이 되어도 전체 학생의 50퍼센트 정도는 여전히 벌을 받는가의 여부를 기준으로 도덕적인 결정을 내린다고 합니다.

10대 아이들은 옳고 그름의 차이를 아는 아이들이 그 차이를 모르는 아이들보다 훨씬 많습니다. 하지만 그 아이들이 지키며 살아가는 규칙은 어른들의 규칙과 다를 때도 있습니다. 아이들의 규칙에서 모험은 정당한 행위입니다. 모험을 하면서 아이들은 새로운 일들을 배워나가기 때문입니다. 새롭게 접하게 된 자율이라는 세상에서 10대 아이들은 자신이 가진 힘을 사용할 수 있는 권리가 있음을 느끼고 한계를 실험해보는 일에 재미를 느낍니다. 10대 아이들은 부모의 규칙과 조언에 반기를 듭니다. 10대 아이들에게 가치를 평가하는 능력과 도덕심이 없기 때문이 아니라 10대 아이들 스스로 직접 문제를 처리할 수 있는 권리가 있다고 믿기 때문입니다. 얼마 동안은(분명히 그런 시간이 영원히 지속되리라는 생각이 들겠지만, 사실 몇 년만 지나면 끝납니다.) 아들의 도덕심은 당신이 아니라 아들이 함께 어울려 다니는 어수룩한 10대 친구들이 결정합니다. 10대 아이들의 도덕심은 전체 사회나 부모가 아니라 또래집단에 헌신하는 방식으로 구현될 때가 많습니다. 성장 과정에서 이 단계에 있는 아이들은 '좋은 소년'이 아니라 '좋은 친구'가 되기를 원합니다.

부모의 분노와 실망을 피할 수만 있다면

—

10대들은 거짓말을 합니다. 거짓말을 하지 않는 10대는 없습니다. 맞습니다. 조금 과장을 하기는 했지요. 작가 브론슨과 메리먼은 《양육 쇼크*Nurtureshock*》에서 10대 아이들은 96퍼센트 가량이 거짓말을 한다고 했습니다. 만약에 당신 아들이 지레 포기하는 아이라면 거짓말을 하지 않는 4퍼센트 안에 들기는 쉽지 않습니다. 많은 부모가 아이가 하는 거짓말 때문에 골머리를 앓는다고 말합니다. 왜 그럴까요? 그 부모는 아이가 자신이 믿을 수 있는 도덕적인 사람으로 자라기를 바라는 정직한 사람이기 때문입니다. 지금까지 나는 실제로도 정직하지 못해서 옳고 그름을 구별하지 못하는 사람은 거의 만나보지 못했습니다. 아들이 정직하지 않기 때문에 거짓말을 하는 것은 아니라는 점을 확신을 가지고 말할 수 있습니다. 더구나 당신이 아이를 제대로 양육하지 못했기 때문에 거짓말을 하는 것도 아닙니다.

가족 구성원이 올바른 행동을 하도록 가족 규범을 세우는 일은 분명히 중요합니다. 하지만 아이에게 과잉 반응을 하지 않으려면 아이가 거짓말을 하는 이유를 알고 있어야 합니다. 부모가 과잉 반응을 하면 아이는 더 많은 것을 숨기고 거짓말을 합니다. 거짓말은 성장 과정의 일부이며 사람의 일부이기도 합니다. 당신도 다른 사람에게 거짓말을 하지 않습니까? 나는 거짓말을 하는 사람이 96퍼센트라는 통계 자료는 어른에게도 동일하게 적용된다고 믿습니다.

당신의 아들은 두 살쯤 되었을 때 "아니야."라는 말을 배웠을 테고, 그 말은 한동안 가장 즐겨 쓰는 단어가 되었을 것입니다. "아니야."라는 말은 아이가 경험한 첫 번째 자율성입니다. 그 뒤로 조금만 지나서는 당신이 보지 않는다면 아이가 램프를 깼다는 사실도 모르는 상황이 벌어집니다. 아이가 부모에게 거짓말을 하는 이유는 자신이 독립적인 사람임을 주장하고 싶기 때문입니다. 아이는 자기가 직접 해결할 수 있다고 믿기 때문에 부모가 자기 일을 모를수록 좋다고 생각합니다. 아이는 또한 문제를 만들지 않으려고 거짓말을 합니다.

지금 당신이 어떤 생각을 하는지 압니다. 나도 그렇게 생각하니까요. 거짓말은 상황을 더 나쁘게 만들 뿐이라고 생각할 테지요. 하지만 당신 아들의 경우 거짓말을 한다고 해서 상황이 나빠지지는 않습니다. 특히 숙제를 하지 않았다는 사실을 열 번이나 숨길 수 있다면 말입니다. 한번은 그런 거짓말을 자주 하는 열일곱 살 남자아이에게서 이런 말을 들었습니다. "그때는 거짓말을 하는 게 가장 쉬운 방법이었어요. 결국 들켜서 혼날 거라는 건 알지만 어쨌거나 거짓말을 하면 혼나는 시간을 조금 늦출 수 있잖아요."《아들이 사는 세상》의 저자 로절린드 와이즈먼Rosalind Wiseman은 부모의 분노와 실망을 피할 수만 있다면 정직하게 말했을 때 느끼는 만족감은 위기를 모면했을 때 느끼는 즉각적인 안도감에 비하면 아무것도 아니라고 했습니다. 아이들은 들킬 수도 있다는 사실을 언제나 과소평가합니다. 아마도 당신 아들은 양면 작전을 펴면서 잘못한 일을 들키지 않고 빠져나갈 수 있기를 바랐을 것입니다. 세 번에 한 번만 걸려도 아이로서는 이득이니까요.

중요한 것은 아이가 하는 거짓말의 본질을 파악하는 일입니다. 벌써 숙제를 다 했다는 거짓말과 자동차를 망가뜨려놓고 입을 다물고 있는 것은 완전히 다릅니다. 아이에게 정직함을 가르치는 일은 아주 중요합니다. 아이들은 당신을 실망시켰을 때 더욱 조심해서 행동합니다. 아이에게 진실을 고백하고 결과를 감수할 수 있도록 가르칠 필요는 있습니다. 하지만 아이를 맹목적으로 믿는 것은 현명하지 않습니다. 우리 아이는 절대로 거짓말을 하지 않는다는 생각은 환상입니다.

아들이 거짓말을 한다는 사실을 걱정하는 것보다는 잘못한 일을 벌주는 일이 더 중요합니다. 거짓말이 상황을 악화시킨다는 메시지는 비효율적일 뿐 아니라 더 큰 화를 부르기도 합니다. 예를 들어 당신이 외출했을 때 아들이 친구들을 집으로 불러놓고 당신에게 그 사실을 말하지 않았다고 생각해봅시다.(사실 아들로서는 당신에게 말할 이유가 없습니다. 규칙을 깰 때 가장 중요한 것은 '그 일을 당신이 모르게 하는 것'이니까요.) 어쩌다가 그 사실을 알게 된 당신은 아들에게 외출 금지 명령을 내립니다. 하지만 만약에 당신이 "네가 거짓말을 하지 않는다면 우리가 벌을 약하게 줄 거다."라는 정책을 쓴다면 당신은 더욱 곤란해질 수도 있습니다. 외출을 했다가 집으로 돌아왔는데 아들이 친구들이 집에 왔었다는 말을 하면 "솔직하게 말해줘서 고맙구나."라고 말해야 할 겁니다. 그런 상황에서는 어떻게 해야 할까요? 2주일이 아니라 1주일 동안만 못 나가게 하면 될까요?

아들이 모험을 할 수
있도록 도와야 한다

유년기 시절이 끝나가는 아이들, 그리고 10대 아이들에게는 너무나도 많은 가능성이 열려 있습니다. 10대 아이들은 어느 대학교에 가고 어떤 직업을 갖고 어떤 성적 특징을 갖게 될지는 물론이고 자신이 어떤 모습으로 자랄지, 얼마나 크게 자랄지, 어느 정도나 운동 능력을 갖게 될지도 알지 못합니다. 하지만 결국 어른이 되리라는 사실은 압니다. 당신 아들이 사춘기가 되면 자신이 누구인지, 어떤 사람이 되고 싶은지, 다른 사람들 눈에 어떻게 비춰지고 싶은지를 표현할 수 있는 방법을 찾아야 합니다. 사춘기 아이에게는 자기 정체성이 필요합니다. 그래야 자신의 과거와 현재를 연결할 수 있고 현재 자신이 어떤 사람인지를 알 수 있고 앞으로 어떤 사람이 될지를 알 수 있습니다.

당신은 당신의 아들이 언제나 같은 소년임을 알고 있습니다. 당신은 아이가 어린아이가 되어도, 청년이 되어도 어떤 성격으로 어떻게 살아왔는지를 떠올릴 수 있습니다. 하지만 아이는 그렇지 않습니다. 아이는 전적으로 새로운 인물을 창조해내야 하는 것처럼 느낍니다. 다시 말해서 아이의 몸과 마음이 그랬던 것처럼 아이의 정체성도 성장하고 자라야 한다는 뜻입니다.

실제로 10대 아이들의 뇌는 새로움을 찾아다니게끔 회로가 연결되어 있습니다. 그래서 10대 아이들은 실험을 합니다. 새로운 일을 배우고 새로운 사람을 만나고 새로운 견해를 형성하면서 10대 아이들은 이전까지와는 다른 정체성을 획득합니다. 청소년기는 이런 실험을 해볼 수 있는 귀한 시간입니다. 어린 청소년이 어디를 가든 거들먹거리며 걷는 것도 자신이 원하는 대로 다른 사람에게 보이려고 새롭게 자신을 만들어가는 과정입니다. 청소년기의 소년은 '이것 봐라. 나는 이런 남자가 될 거야.'라고 말하고 있는 것입니다. 결국 청소년기의 소년은 자신이 어떤 일을 좋아하고 어떤 일을 잘하는지 알아낼 것입니다. 소년은 결국 자신이 어떤 사람과 어울리고 싶은지, 가족과 공동체 내에서 어떤 역할을 맡고 싶은지를 알아냅니다. 나를 찾아온 스물두 살 청년은 이런 성장 과정이 자신에게 어떤 도움이 됐는지를 말해주었습니다.

"다른 모든 사람의 생각에 편승해서 함께 가기보다는 자신만의 생각을 형성하기 시작했어요. 내가 믿고 있던 종교도 좋아하지 않는다는 생각을 했고요. 왠지 불교도가 되어야 할 것 같았거든요. 그래서 아빠랑 대화를 했고, 결국 유대교도로 남기로 했어요. 그때는 정치부터 10대 임신까지 아주 많은 주제에 대해 생각해봤어요. 그때가 내 정체성을 찾아가던 시기였다고 생각해요."

당신 아들이 하는 모든 새로운 모험과 실험을 존중해주는 일이 중요합니다. 당신 아들에게는 부모가 '변한 자신의 모습'을 바라봐주는 경험이 필요합니다. 안전하게만 진행한다면 아들이 모험을 할 수 있도록 도와야 합니다. 부모마다 아이에게 허용하는 한계는 달라서 귀걸이를 금지하는 부모도 있고 타투를 허락하는 부모도 있습니다. 아이가 당신이 참을 수 있는 한계를 넘어서거나 당신의 가치관에 완전히 어긋나는 일을 할 때는, 그가 다른 방식으로 자기 정체성을 확립해나갈 수 있도록 이끌어주어야 합니다. 그러니까 타투 대신에 색다른 헤어스타일을 택할 수 있게 유도해주는 것입니다. 중요한 것은 아이를 비난해서도 통제하려고 해서도 안 된다는 점입니다. 아이를 비난하거나 통제하려는 순간 아이는 어떻게 해서든 자기가 원하는 일을 하겠다고 고집을 부릴 것입니다. 아이가 정체성을 정립해가는 과정을 존중해주어야 합니다. 아이가 정체성을 확립하는 과정은 단순히 다른 사람이 아이를 어떻게 생각할 것이냐를 고민하는 과정도 아니고, 단순히 어떤 식으로 입고 다닐 것이냐의 문제도 아닙니다.

비록 아이는 부정한다고 해도 이 시기의 청소년들은 당신이 하는 행동을 남김없이 관찰하면서 자신이 어떤 사람이 될지, 어떤 직업을 가지게 될지에 관한 단서를 포착합니다. 10대 아이들은 어린아이들보다 훨씬 더 예리한 눈으로 당신을 관찰하기 때문에 이 시기에는 아이에게 좋은 역할 모델이 되어주는 일이 더욱 중요합니다. 앞으로 몇 년 안에 아들은 당신이 알려준 삶의 가치를 그대로 간직한 채로 자신만의 독특한 가치관을 형성해 훨씬 안정적인 자아를 갖게 될 것입니다. 그러니 두려워할 이유가 없습니다. 당신이 심어준 소중한 가치관은 여전히 아이의 마음속에 장착되어 있을 테니까요.

가장 닮고 싶은 존재, 친구

아이가 정체성을 형성할 때 가장 큰 영향을 미치는 요소는 친구들입니다. 당신 아들은 학교 성적보다도 친구를 사귈 수 있을지, 친구들이 어떤 생각을 하는지를 훨씬 중요하게 여기고 걱정합니다. 그래서 심리치료사인 나는 지레 포기하는 아이들이 친구들과 잘 어울리지 못할 때 그 문제를 제일 먼저 해결하려고 애씁니다. 이제 당신의 아이는 자기가 해야 하는 행동과 느껴야 하는 감정과 생각 등을 정립할 때 당신의 의견을 참고하지 않기 때문에 반드시 기준을 세워줄 다른 존재가 필요합니다. 10대 아이들에게 그 역할은 또래 친구들이 해줍니다. 10대 아이들은 서로가 서로를 보면서 어떻게 살아야 하고 어떤 옷을 입어야 하고 어떤 음악을 들어야 하고 심지어 학교에 관해서도 어떤 생각을 해야 하는지를 결정합니다. 가장 인기가 많아 가장 높은 위상을 차지하고 있는 아이들은 당연히 다른 아이들이 따라하고 싶은 존재입니다. 중학생 아이가 학교에서 팀버랜드 부츠를 신고 다니는 아이와 그렇지 않은 아이의 차이를 말해주었을 때는 나는 웃을 수밖에 없었습니다. 내가 열네 살 때도 팀버랜드 부츠는 멋짐의 상징이었으니까요.

어린 10대 아이들은 예전에 자기 부모에게 그랬던 것처럼 친구들을 가장 이상적인 사람으로 생각하는 경향이 있습니다. 내가 아는 학생지도부 선생님은 자기가 근무하는 중학교 학생들이 가장 좋아하는 색은 '베이지'라고 했습니다. 아마도 튀지 않고 친구들과 잘 어울리고 싶은 아이들의 마음이 반영됐을 겁니다. 다행히 아이들이 자라면 자의식과 비판적 사고가 발달하면서 또래와 똑같아지려는 마음은 서서히 사라집니다.

한편 청소년기에는 감정이 롤러코스터처럼 요동칩니다. 청소년기에는 유년기나 성년기보다 훨씬 더 강렬하고 깊은 감정을 느낍니다. 새롭게 솟구치는 욕구와 해야 하는 경험을 어떻게 다루어야 하는지 모르며, 가끔은 통제할 수 없는 강력한 충동에 사로잡힙니다.

당신이 지켜봐야 하는 모든 극적인 사건은 사실 아들이 자기 감정을 다스리려고 애쓰고 있다는 증거입니다. 소동이 일어나는 이유는 아이의 감정 때문이 아닙니다. 소동은 아이가 감정을 관리하는 방식 때문에 일어납니다. 심리학 용어로 자기 감정을 다스리려는 노력을 조절이라고 하는데, 지레 포기하는 아이들에게는 조절 능력이 아주 많은 도움이 됩니다. 자동차에는 연료 연소를 조절하는 가속 페달이 있습니다. 주택에는 기온을 조절하는 온도 조절 장치가 있습니다. 감정을 조절하는 능력도 여러 요소가 결정하는데, 청소년기의 다른 많은 특성처럼 자기 감정을 조절하는 능력도 폭발적으로 성장합니다. 그리고 이런 조절 능력도 당신 아들은 당신을 배제한 상태에서 배우려고 애씁니다. 10대 아이들은 몸도 마음도 극적으로 변하기 때문에 아이들은 자기를 둘러싼 세계가 자신이 안전하게 정박할 수 있는 닻이 되어주기를 절실하게 희망합니다. 10대 아이들은 지금 자신이 겪고 있는 힘든 일과 감정이 영원히 지속되리라고 믿을 때가 많습니다. 친구들이 근사하다고 생각하는 여자와 데이트를 했다는 의기양양함 같은 좋은 기분도, 대학교 라크로스 팀에서 방출됐을 때 느끼는 나쁜 기분도 영원히 지속되리라고 생각합니다. 우리 어른들은 세상이 그런 식으로 돌아가지 않는다는 사실을 압니다. 실제로 우리가 확실하게 믿을 수 있는 것은 단 한 가지, 똑같은 모습으로 남는 것은 하나도 없다는 사실뿐입니다.

10대 아이들은 나쁜 감정 때문에 죽게 되는 것은 아니고 그런 감정이 영원히 지속되지도 않음을 알아야 합니다. 아이가 어떤 감정에 압도되어 있을 때는 새로운 관점으로 볼 수 있게 도와주어야 합니다. "지금 너는 폭풍우 한가운데 있는 거야. 폭풍우 때문에 정신을 차릴 수가 없고 끔찍하게만 느껴질 거야. 하지만 비가 영원히 계속 내리지는 않아. 모든 곳에서 비가 내리는 것도 아니야. 어느 순간이 되면 구름은 지나갈 테고, 구름 위는 언제나 아주 맑아. 큰 그림 속에서는 구름 위에 있는 너는 지금도 괜찮고 앞으로도 괜찮을 거야."와 같은 말을 해줘야 합니다.

아들을 놓아줘야 할 때가 왔다

이제 당신은 유년기를 끝내고 청소년기로 접어드는 아이들이 엄청나게 큰 변화를 겪는다는 사실을 알았을 것입니다. 이러한 변화는 누구에게나 힘들 수밖에 없습니다. '성장통이 10대들이 겪어야 하는 것인지, 10대들 자체인지는 쉽게 결정할 수 없다.'라는 말이 있습니다. 당신 아들이 성장하려면 스스로 생각할 수 있어야 하며, 자기만의 의견을 형성해야 하고, 자기가 믿는 대로 행동할 수 있는 기회를 가져야 합니다. 그러려면 의심해볼 자유, 침묵할 자유, 반대할 자유, 생각에 잠겨볼 자유를 누려야 합니다. 이런 자유를 누린다는 것은 곧 자율성을 기른다는 것인데, 아이가 자율성을 기를 수 있는 유일한 방법은 부모가 자식을 놓아주는 것입니다. 청소년기에 바꾸어야 하는 것은 아이의 몸과 마음만이 아닙니다. 부모도 기존에 수행했던 역할을 버려야 합니다.

지금까지 살펴본 변화 가운데 가장 견디기 힘든 변화는 아들과 당신의 관계가 변한다는 것입니다. 당신 아들은 절대로 인정하지 않을 수도 있지만 그는 여전히 당신을 존경합니다. 다만 더 이상 당신을 가장 이상적인 사람이라고 생각하지 않을 뿐입니다. 하루하루 지날 때마다 아이가 당신을 필요로 하는 정도는 줄어듭니다. 《맞다, 당신의 10대 아이는 미쳤다*Yes, Your Teen Is Crazy*》의 저자 마이클 브래들리Michael Bradley는 "아이가 청소년이 되어 멀어지기 전까지는 자신이 아이와 얼마나 가까운 사이였는지를 아는 사람은 많지 않다."라고 했습니다. 심리학자들은 아이가 부모를 필요로 하는 정도가 줄어드는 과정을 분리되고 개별화되는 과정이라고 합니다. 하지만 저는 그보다는 벗어나기 과정이라고 생각합니다. 당신 아들은 부모를 신처럼 생각했던 마음에서, 전적으로 부모만 사랑하고 부모의 인정을 받으려고 했던 마음에서 벗어나야 합니다. 어린아이가 성장하려면 부모가 전능하다는 생각을 버려야 합니다. 도로시가 오즈를 떠날 수 있었던 것은, 즉 어린 시절을 끝낼 수 있었던 것은 오즈의 마법사가 실제로 어떤 인물인지 알았기 때문입니다. 아이가 부모에게서 벗어나는 과정은 부모에게는 너무나도 고통스러운 과정입니다. 어떤 부모들은 특히 더 고통스러워합니다. 하지만 아이가 자립심을 기르려면 반드시 필요한 과정입니다.

아이를 양육할 때는 아이의 나이에 상관없이 인내해야 하고 자제해야 합니다. 하지만 10대 아이들은 침착한 부모에게서도 평정심을 빼앗아갈 수 있는 독특하고도 강력한 능력이 있습니다. 자유롭고자 하는 아이들의 욕구는 늘 아이들을 안전하게 지키고자 하는 부모의 걱정과 격렬하게 충돌합니다. 감정적으로 멀리 떨어져 있고자 하는 아이들의 요구는 항상 가까이 있고 싶어 하는 부모들의 갈망을 위협합니다. 당신은 아이들이 존경해주기를 바라지만 아이들은 당신의 성격을 공격합니다. 이때 반드시 명심해야 할 일이 몇 가지 있습니다.

아이가 하는 행동을 당신을 향한 공격으로 받아들이면 안 됩니다. 아이의 행동이나 말이 당신을 공격하는 것처럼 느껴져도 아이가 부모의 고마움을 모른다거나 당신을 무시한다거나 미워하는 것은 아닙니다. 아이는 그저 부모에게서 분리되려고 애쓰는 것뿐입니다. 아이의 그런 노력을 부모에 대한 공격으로 받아들이면 부모는 화가 나고 좌절하고 상처를 받으며 심지어 죄의식까지 느끼게 됩니다. 이런 감정들은 아들이 아니라 당신의 평정심을 해칩니다.

집에 있는 대부분의 시간 동안 아이는 성장과 관련해서는 양가감정을 드러냅니다. 10대 아이는 집에 있을 때는 게으르고 무책임하며 부모에게 끊임없이 무언가를 해달라고 요구합니다. 그런 행동 때문에 아이가 절대로 성숙할 수는 없으리라고 판단하면 안 됩니다. 당신이 하는 일이 아이에게는 전혀 도움이 안 되는 것처럼 보여도 좌절할 이유는 없습니다.

당신의 감정을 인지하고 그 감정을 용인하되, 그 감정을 밖으로 드러내면 안 됩니다. 10대 아이를 기를 때 이 점이 가장 힘듭니다. 10대 아이는 분노, 상실, 두려움, 기쁨, 자부심, 혼란 등 온갖 감정을 여과 없이 드러냅니다. 하지만 당신은 그래서는 안 됩니다. 필요하다면 당신의 감정을 친구나 배우자, 치료사에게 말해보세요. 아들에게 쏟아내서는 안 됩니다.

아들 말을 진지하게 들어주세요. 아들은 부모가 자기 말에 귀를 기울이고 있음을 알아야 합니다. 아이가 하는 모든 말에 동의하라는 뜻이 아닙니다. 아이가 하고 싶은 모든 일을 할 수 있게 지원하라는 뜻도 아닙니다. 아이의 생각을 비웃거나 바보 같다고 생각하지 말라는 뜻입니다. 설혹 정말로 어리석은 생각이라고 해도 말입니다. 아이에게 당신이 아이를 존중하고 있음을, 아이의 견해를 이해하고 있음을 알려주어야 합니다.

한계를 정해주어야 합니다. 몇 년 전에도 그랬던 것처럼 당신 아들에게는 당신의 강력한 감독이 필요합니다. 하지만 전면에 나서면 안 되고 뒤에서 조용히 도와야 합니다. 아이는 부모가 항상 곁에서 자신을 보고 있으며 필요할 때면 언제라도 도움의 손길을 주리라는 사실을 알고 있어야 합니다.

독립하고자 하는 아이의 바람을 존중해주어야 합니다. 부모의 조언을 받아들이는 일, 부모의 의견을 묻는 일, 심지어 부모와 함께 외식하는 일도 아이의 자율성에 위협이 될 수 있습니다. 아이는 부모가 자신을 이끌어주기를 바라지만 어렸을 때만큼은 아닙니다. 아이는 혼자서 실수도 해봐야 합니다. 안전하기만 하다면 좋은 결정보다 나쁜 결정을 했을 때 더 많은 것을 배울 수 있습니다.

아이의 마음은 한꺼번에 성장하지 않는다

아이가 자립심 강한 사람으로 성장하는 모습을 보는 경험은 근사하지만 스스로 생각하는 방식을 배울 때는 어두운 면이 있기 마련입니다. 하지만 아이가 어떤 생각을 하고 있는지 이해한다면 그런 어두움도 어느 정도는 참아낼 수 있습니다.

아들은 부모를 바보라고 생각하게 됩니다. 당신의 말이라면 무조건 받아들였던 착한 아들이 이제는 무슨 말을 하든지 거부하고 반대하는

데 혈안입니다. 10대 아이들은 새롭게 익힌 비판적 사고 능력을 당신을 포함한 모든 사람을 비판하는 데 사용합니다. 왜냐하면 10대 아이들은 어린아이들과 달리 자신을 친구, 선생님, 부모를 비롯한 다른 사람들과 비교할 수 있고, 그런 비교 과정을 통해 자신과 다른 사람을 좀 더 현실적으로 평가할 수 있기 때문입니다.

아들이 당신의 운동 습관에 대해 어처구니없다고 말하거나 당신이 식료품점에서 산 물건을 비닐봉지에 담아온다는 이유로 (사온 물건을 정리할 때는 도와주지도 않으면서) 비난을 퍼부을 때는 즉시 반응하지 않는 것이 좋습니다. 아이가 하는 모든 생각은 이 세상을 이해하려는 시도임을 알아야 합니다. 아이가 하는 모든 행동을 당신에 대한 공격으로 받아들이면 안 됩니다. 아이는 그저 자기가 어떤 사람이 되어야 하는지 고민하고 알아가고 있는 중입니다. 아이가 부모를 바보라고 생각할 때는 조금쯤은 자기비하적인 유머를 구사해 부모 또한 아들을 조롱할 능력이 있음을 알려주는 것도 좋습니다. 아이 의견을 살펴보는 시간을 가짐으로써 아이가 더 많은 생각을 하고 더 능숙하게 자기주장을 펼칠 능력을 기르며 더 많은 사실을 검토할 수 있어야 합니다.

아들은 냉소적으로 행동합니다. 이제 당신의 아들은 거리낌 없이 권위에 도전할 뿐만 아니라 조금은 회의적이고 냉소적으로 행동할 수도 있습니다. 그는 한때 완벽한 권위자라고 생각했던 부모와 선생님에게서 논리적 허점을 발견하고, 당신이 하는 행동에 일관성이 없음을 알게 됩니다. 어떻게 해야 아들이 휴대전화를 손에서 놓게 만들지를 묻는 부모를 만날 때마다 나는 항상 난처한 듯 웃으면서 되묻습니다. 그런 고민을 하는 부모님은 잠에서 깬 뒤 몇 분 만에 휴대전화를 집어 드시냐고 말이지요. 아이들은 항상 부모를 주시합니다. 그리고 10대 아들은 엄청난 집중력을 가지고 부모를 관찰합니다. 당연히 좋은 일입니다. 아들은 당신을 통해 사람을 관찰하고 있는 것이니까요. 그러니 아들이 냉소적이라고 너무 걱정할 필요는 없습니다.

아들은 권위에 도전합니다. 최근에 고등학생인 타일러는 벤저민 호프Benjamin Hoff가 저술한 동양 철학 입문서인 《푸우의 도와 피그렛의 덕》을 읽어야 했습니다. 그리고 "우리 학교는 공자의 가르침을 따르고 있는데, 나는 도가의 가르침에도 더 많은 관심을 가질 필요가 있다고 생각한다."라는 독서 감상문을 제출했습니다. 타일러는 학교가 학생들의 독립심을 길러주고 증진시키기보다는 선생님들의 가르침에 복종하고 따르기를 바란다고 생각했습니다. 이런 결론에 이르려면 도교와 유교가 갖는 추상적인 기본 원리를 익힌 뒤에 두 원리를 서로 비교하고 대조할 수 있어야 합니다. 물론 타일러 이야기에서 틀린 결론을 내리면 안 됩니다. 타일러가 이런 식으로 비판적 사고를 할 수 있게 된 것은 무엇보다도 학교 교육 과정이 훌륭했고 선생님들이 잘 가르쳐주었기 때문입니다.

아들은 자기 의견을 고집합니다. 새로운 믿음이나 관점을 표현하는 것만큼 10대 아이들이 절실하게 원하는 일은 또 없습니다. 그런데 10대 아이들은 지치지도 않습니다. 열정이 넘치는 사람과 함께 사는 일은 언제나 쉽지 않습니다. 아이의 열정은 너무 과할 수도 있는데 그 이유는 사실 부모와 분리되기를 바라지만 아직은 자신의 견해와 결론에 확신이 서지 않기 때문입니다. 10대 아이들은 부모에게 어떤 식으로 생각해야 하는지 알려달라고 부탁하고 싶은 마음을 억제하려고 애쓰니다. 그 때문에 한동안은 다른 사람의 의견을 무시하고 반대하면서 자기 견해를 세워나갑니다. 그러니 아들이 조금 과하게 건방지게 행동하거나 불쾌하게 굴어도 용서해주는 것이 좋습니다. 어쨌거나 우리의 모든 잘못을 교정해주려면 젊은 친구들이 어느 정도는 이상적일 필요가 있습니다.

아들은 이기적입니다. 10대 아이들은 자기중심적이고 부모와 형제가 어떤 마음이건 전혀 상관하지 않는 것처럼 보일 때가 많습니다. 아마도 당신은 10대들의 이런 성향은 앞에서 말했던 청소년기가 되면 공감 능력이 발전한다고 했던 설명과는 모순이 된다고 생각할 수도 있습니다. 하지만 아이의 마음은 한꺼번에 성장하지 않는다는 사실을 기억해야 합니다. 공감 능력이 발달하려면 시간이 걸리는데, 그 시간은 사람마다 다릅니다. 아이는 지금 새로 갖추게 된 능력, 다시 말해서 다른 사람의 견해에 비추어 자신을 그려보는 능력을 통해 자기가 누구인지를 파악합니다.

자존감을 지키기 위해
아무것도 하지 않는다

지레 포기하는 아이도 여느 10대 아이와 다르지 않습니다. 그저 한 특징이 강화된 것뿐입니다. 지레 포기하는 아이는 대학교 입학 준비와 독립적인 성인이 되기 위한 성장을 제대로 하지 못하고 뒤처져 있는 것처럼 보입니다. 하지만 뒤처졌다는 표현은 부적절합니다. 뒤처졌다고 생각되는 아이에게도 다른 아이들보다 앞선 부분이 있고, 아이의 목표 자체가 다른 아이들과는 완전히 다를 수도 있습니다. 부모와 자녀 사이의 문제는 안타깝게도 이런 발달 과정의 차이에 부모와 아이가 감정적으로 다른 식으로 반응하기 때문에 생깁니다.

10대 아이들은 누구나 비밀을 가지고 있고 현실 세계에서 자기가 잘해낼 수 없으리라는 강한 의심을 품고 삽니다. 두려움을 모르고 모험을 자처하는 겉모습 뒤에는 상처받기 쉽고 두려워하는 아이가 숨어 있을 때가 많습니다. 청소년기에 겪어야 하는 여러 도전들에 가장 큰 혼란을 느끼는 아이들은 지레 포기해버리는 아이들입니다. 이 아이들은 일반적으로 불안하고 걱정이 많으며, 자신이 성장할 수 있다는 확신이 없습니다. 다른 사람에게 의존하는 사람에서 혼자 살아가는 사람으로 바뀌는 변화는 지레 포기하는 아이들에게는 너무나도 복잡한 것입니다. 그래서 결국 부모도 복잡한 상황에 놓이고 맙니다. 아이는 강 위에 놓인 다리 한가운데에 갇혀버렸거나 물속 소용돌이에서 벗어나지 못하는 파편처럼 꼼짝도 하지 못합니다. 하지만 아이는 이런 감정을 누구에게도 드러내지 않습니다. 그런 감정을 가지고 있다는 것 자체가 자기가 필사적으로 벗어나려고 하는 의존성에서 여전히 벗어나지 못했음을 보여주는 증거일 테니까요. 그래서 아이는 '학교 일 따위는 전혀 신경 쓰지 않을 테다.'라는 태도를 취하면서 관심을 끊어버립니다. 아이는 독립하겠다고 주장하고, 성인으로 대우해주기를 바라지만 좋은 성적을 받는 것 같은, 성장에 실질적으로 도움이 되는 일은 책임감을 갖기를 고집스럽게 거부합니다. 당신이 아이에게 앞으로 나가라고 재촉할 때마다 아이는 당신에게 맞서 싸우려고 합니다.

지레 포기하는 아이의 문제가 일반적으로 10대 아이들이 (당연히) 겪어야 하는 성장기 문제와 한데 얽히면 아주 큰 실마디가 생깁니다. 이렇게 엉킨 실마디는 한 번에 한 가닥씩 풀어가야 합니다. 당신 아들이 가진 양가감정은 일반적인 10대 아이들보다 훨씬 더 깊고 묵직하지만 자립을 향한 아들의 투쟁은 10대라면 누구나 겪는 일입니다. 10대 소년들은 불안한 일은 되도록 피하려고 하는데, 지레 포기하는 아이들의 경우에는 정도가 훨씬 심합니다. 지금부터 성장하는 아이들에게서 나타나는 두 가지 측면을 살펴보고 그 두 가지 측면이 당신 아들에게 어떻게 영향을 미치는지 알아봅시다.

성장은 고른 길을 가지 않는다

—

성장의 길은 일자로 쭉 뻗어 있지 않습니다. 부정 출발, 정체, 부드러운 U자형 커브길, 깊은 웅덩이 등이 군데군데 놓여 있습니다. 누구나 청소년기라는 도로를 지나지만 저마다 지나가는 길은 모두 다릅니다.

지레 포기하는 아이들이 가야 하는 길은 특히 다릅니다. 소년들은 모두 저마다의 일정대로 성장해나가지만 지레 포기하는 아이들은 한두 영역에서 일정표를 아주 늦게 짭니다. 앞으로 자세히 살펴보겠지만 성숙함, 사고력, 집행 기술, 자기 조절 등이 그런 영역입니다. 이유를 간단히 말하자면 지레 포기하는 아이들은 성장할 준비가 되어 있지 않기 때문입니다. 하지만 걱정하지 않아도 됩니다. 결국에는 누구나 성장할 테니까요. 결국에는 활짝 만개해서 성장할 테고 아이의 마음은 넓어지고 판단력을 향상될 것입니다. 아이가 성장하려면 시간이 필요합니다. 그 시간은 '이러면 안 되지 않을까.'라는 생각이 들 정도로 오래 걸릴 수도 있습니다. 하지만 아이의 성장 속도는 부모가 조절할 수 없습니다. 아무리 많이 지도하고 가르치고 치료한다고 해도 아이의 DNA가 정한 속도를 이길 수는 없습니다. 지레 포기하는 아이들은 또래에 비해 성장 속도가 느립니다. 뿐만 아니라 각 영역의 성장 속도도 들쑥날쑥합니다. 이 같은 사실을 받아들이면 지레 포기하는 아이를 보는 당신 생각도 바뀔 것입니다. 아이가 학교생활에 적극적으로 참여하지 않는 이유는 의지의 문제가 아니라 뇌 발달 속도와 관계가 있음을 알게 되면 앞서 살펴본 패러다임 전환이 훨씬 쉬워질 테고, 결국 당신은 훨씬 더 능숙한 부모가 될 것입니다. 부모는 아이의 성장 속도를 빠르게 만들 수 없습니다.

아이의 인지 능력은 다음 몇 가지 예에서 보듯 불균형하게 발달할 수도 있습니다.

- 어떤 개념을 이해하는 듯하지만 분명하게 설명할 수는 없다.
- 숫자보다 사실이나 이름을 더 잘 기억한다.
- 이해력은 뛰어나지만 읽는 속도가 느리다.
- 역사에 대한 이해는 아주 뛰어난데 소설이나 시 속 행간의 의미를 이해하지 못한다.
- 지능은 높은데 뇌의 한 부분에서 다른 부분으로 정보가 전달되는 시간이 조금 오래 걸려서 일을 처리하는 속도가 느리다.
- 소설의 주제와 줄거리는 구별할 수 있지만 질량과 부피의 차이는 이해하지 못한다.

어쩌면 집행 기능executive functioning 영역이 아들의 학습에 가장 큰 영향을 미치고 있는지도 모릅니다.

나를 찾아온 지레 포기하는 아이들은 '학교를 회피하는 것이 그 아이의 정체성의 일부가 된 경우'가 많았습니다. 이런 정체성은 미래의 자신을 상상했기 때문에 갖게 된 것이 아니라 자신을 보호하려다 보니 갖게 된 것입니다. 어린아이들은 무슨 수를 써서라도 자기 자부심을 보호하려고 합니다. 학교에서 받는 압력을 열심히 공부하는 것으로 반응하는 아이도 있습니다. 하지만 당신의 아들은 자존감에 큰 손상을 입히는 실패는 절대로 하고 싶지 않다는 두려움에 사로잡혀 있습니다.

아이는 어쩌면 아주 어렸을 때부터 학교에서 한두 가지 문제를 겪고 있었는지도 모릅니다. 주의력결핍과잉행동장애 때문에 제대로 학습을 못했을 수도 있습니다. 앞에서 계속 살펴본 것처럼 아이의 성장 가도가 울퉁불퉁했는지도 모릅니다. 온갖 장애물 때문에 덜컹거리며 나아가야 하는 아이는 아직 매끈하고 능숙하게 달릴 수 있는 길을 찾을 수 있는 지도를 발견하지 못했습니다. 그렇기 때문에 아이는 자존감을 지키려고 새로운 일은 전혀 시도를 하지 않는 정체성을 발달시킵니다. 바로 지레 포기한다는 정체성 말입니다. 지레 포기하는 아이는 '학교 공부는 아주 화끈하게' 포기해버립니다.

아이의 이런 정체성은 새로운 일을 시도하거나 실패할 위험에서 아이를 보호해주지만 결국에는 10대 아이들이 성장하려면 반드시 해야 하는 경험을 못하게 하는 결과를 낳습니다. 당신 아들은 결국에는 스스로 책임을 지는 법을 배워야 합니다. 그러니 언젠가는 자신을 가지고 스스로 해낼 수 있도록 갇혀 있는 곳에서 빠져나오는 법을, 당신과 지나치게 많이 싸우지 않는 법을, 자기 능력을 개발하는 법을 배울 수 있게 도와주어야 합니다.

3장

아들의 뇌는
아직 성장 중이다

유연하지만 예민한
아들의 뇌

타임머신이 있으면 좋겠다고 생각했어요.
그러면 스무 살 때 열여섯 살인 나를 찾아가서 그렇게 바보처럼 살지 말
라고 말해줄 수 있었을 테니까요.

– 스물세 살 조나 프라이스

    어느 날 열일곱 살 소년 조지는 부모님의 미니밴을 타고 하키 경기
장 주차장 모퉁이로 가서 차를 세워두었습니다. 자기가 다니는 고등학
교와 지역 라이벌 학교가 시합을 하는 날이면 관중들이 얼마나 거칠어
지는지 잘 알았던 조지는 소란이 벌어질 만한 주차장 한가운데는 피하
고 싶었습니다. 조지는 자동차 창문을 모두 닫았고 자동차 문도 제대
로 잠가두었습니다. 하지만 앞좌석에 뚜껑을 딴 보드카가 훤히 보이게
놓아두고 갔습니다. 지나가던 경찰에게 걸렸고, 조지와 친구들은 자동
차로 돌아오자마자 체포됐습니다.
    나중에 조지는 그런 바보 같은 일을 했다는 사실을 믿을 수가 없다
고 말했습니다. "고등학교 하키 시합이 있을 때 경찰이 단속을 강화한

다는 건 누구나 안단 말이에요."라고 말했습니다. 그래서 나는 과학자들이 오래전부터 알고 있던 사실을 조지에게 알려주었습니다. 10대 아이들의 뇌는 아직 형성되고 있는 중이라는 사실 말입니다. 그렇기 때문에 아이들의 뇌는 기쁨을 찾아다니고 새로움을 추구한다고 말입니다. 안타까운 점은 조지 같은 청소년기 아이들의 뇌는 아직 통제 센터가 제대로 갖추어지지 않았다는 것입니다. 미리 앞서 생각하고 계획을 짜고 당장 하고자 하는 충동을 늦추는 뇌 영역 말입니다. 내 설명을 듣고 조지가 어떻게 반응했는지 아십니까? 조지는 "빨리 '그 영역'이 발달됐으면 좋겠어요."라고 말했습니다.

2장에서는 10대 아이들의 몸과 마음과 감정이 극적으로 바뀌면서 일어나는 격동을 중점적으로 다루었습니다. 3장에서는 자동차 뚜껑을 열어 이런 변화에 힘을 더하는 엔진을 살펴볼 것입니다. 이번 여정에서는 신경과학을 살펴보면서 청소년기에는 우리가 생각하는 것보다 훨씬 많은 일이 진행되고 있음을 알게 될 것입니다. 최근 연구 결과는 청소년기의 성장과 관련된 오해를 많이 걷어내고 있는데, 그중 가장 큰 오해는 10대 아이는 그저 작은 어른이라는 생각입니다. 10대 아이의 뇌는 어른의 뇌와는 아주 다르다는 사실을 염두에 두면 아이가 어처구니없는 행동을 하는 이유도 이해할 수 있고, 무엇보다도 당신의 기대를 조절할 수 있습니다. 그렇게 되면 지레 포기하는 아이의 부모에게 가장 필요하지만 놀라울 정도로 부족한 인내심도 충분히 확보할 수 있습니다.

청소년의 뇌 연구에서 이룩한 혁명은 청소년기에 일어나는 모든 소동의 원인이 성호르몬이라는 오해도 산산이 부숴버렸습니다. 테스토스테론과 에스트로겐 같은 성호르몬이 분명히 청소년기에 발생하는 소란의 커다란 원인이기는 하지만, 성호르몬이 없다면 아주 중요한 뇌 발달 단계도 시작되지 않습니다. 과거에는 뇌가 크게 발달하는 주요 단계는 단 한 번뿐이라고 믿었습니다. 출생했을 때부터 세 살 때까지 뇌는 아주 크게 발달하며, 그 뒤로는 점진적으로 발달한다고 생각했습니다. 하지만 지금은 사춘기가 시작되면 다시 뇌가 크게 재구성되며, 이 같은 변화는 어른이 된 뒤에도 어느 정도는 지속된다고 알려져 있습니다. 저명한 심리학자 로렌스 스타인버그Luarence Steinberg를 비롯한 여러 연구자가 청소년의 발달 과정을 연구한 결과대로라면 사춘기는 빠르면 열 살 무렵에 시작하고 스물여섯 살이 될 때까지는 공식적으로 끝나지 않는다고 합니다.

사람의 뇌가 가진 특성 가운데 놀랍기로는 으뜸으로 꼽을 수 있는 특성은 뇌는 결코 조용해지는 법이 없다는 점입니다. 뇌가 멈추지 않고 끝없이 생각한다는 뜻이 아닙니다. 그보다는 분자 단계에서 뇌는 일생 동안, 심지어 잠을 자고 있는 동안에도 끊임없이 변한다는 뜻입니다. 뇌의 이런 특징을 간단히 말해서 '뇌는 학습한다.'라고 말할 수 있습니다. 그런데 이 학습 과정을 신경과학자들은 다른 이름으로 부릅니다. 가소성plasticity이라고 말입니다. 우리 뇌가 엄청난 변화를 겪는 중요한 시기를 거치도록 정해진 이유는 분명히 생존과 관계가 있을 것입니다.

10대 아이들은 특히 감수성이 예민하다는 사실은 잘 알려져 있는데, 이제는 그 이유도 밝혀졌습니다. 10대 아이들의 뇌는 독특할 정도로 유연한데, 그 때문에 '나는 누구인가?' '나는 어떤 사람이 될 것인가?'

같은 질문에 답을 찾을 수가 있습니다. 유연한 뇌는 결국 10대 아이들이 더욱 성숙하고 논리적이고 사려 깊은 사람이 될 수 있게 해줍니다. 청소년기를 기회의 시기, 혁신의 황금기라고 부르는 이유는 바로 그 때문입니다. 《10대의 뇌》의 저자 프랜시스 젠슨Frances Jensen의 말에 따르면 10대 아이들은 "세상을 경험하고 자신을 좀 더 행복하고 건강하게 만드는 것이 무엇인지, 어떻게 해야 현명하게 될 수 있는지를 파악할 수 있는 기회를 잠깐 동안" 갖게 됩니다. 물론 무엇이든지 될 수 있는 유연성에도 문제는 있습니다. 10대 아이들이 중독이나 스트레스에 상당히 취약한 이유도 바로 뇌가 너무나도 유연하기 때문입니다. 지레 포기하는 것도 마찬가지입니다.

얼마 전까지만 해도 뇌는 연구하기 어려운 영역이었습니다. 신경과학은 이미 죽었거나 큰 병이나 외상 후 스트레스 장애를 겪는 사람들을 대상으로 진행한 개별 연구 결과나 동물 연구에 주로 의지했습니다. 그런 연구 가운데 하나는 1848년에 일어난 끔찍한 사건에서 비롯되었습니다. 당시 스물다섯 살이었던 피니어스 게이지Phineas Gage는 철도 건설 현장 감독이었습니다. 게이지는 6킬로그램짜리 철봉을 이용해 구멍에 화약을 채워 넣고 있었는데, 갑자기 화약이 폭발했습니다. 철봉은 게이지의 뺨을 뚫고 들어가 뇌를 관통하더니 두개골을 뚫고 나와 몇 미터 떨어진 곳에 떨어졌습니다. 하지만 게이지는 살아남았고 그날 늦게는 담당 의사에게 이제는 신경심리학자라면 누구나 알고 있는 말("의사 선생님이 하실 일이 진짜 많겠군요.")까지 했습니다. 게이지의 목숨을 구한 마을 의사가 남긴 관찰 기록 덕분에 뇌 과학자들은 뇌 부상과 인격이 어떤 관계가 있는지 처음으로 확인할 수 있었습니다. 철봉 때문에 전전두엽 피질prefrontal cortex이 상당히 많이 파괴된 게이지는 미리 계획을 세울 수도, 감정과 충동을 조절할 수도 없게 되었습니다. 피니어스 게이지의 사고는 집행 기능에 관한 뇌 과학적 단서를 처음으로 제공했습니다.

게이지 같은 사례 연구 덕분에 뇌에 관한 많은 사실을 알게 됐습니다.(솔직히 말해서 게이지의 경우처럼 극단적인 경우는 그다지 많지 않습니다.) 그러나 과거에는 건강한 사람과 대조군 실험을 진행할 방법은 없으며 시간에 따른 뇌 변화를 연구할 수 있는 방법도 없었습니다. 다행히 선구적인 연구자들과 발달한 기술 덕분에 지난 15년 사이에 혁명과도 같은 일이 일어났습니다. 자기공명영상MRI이 발명된 뒤로 건강하고 평범한 10대 아이들의 뇌 활동을 측정할 수 있게 된 것입니다. 자기공명영상이 뇌에서 진행되는 일을 상세하게 보여주는 그림이라면 기능적 자기공명영상fMRI은 사람이 활동하는 동안 '스위치가 켜지는' 뇌 부위를 포착하는 영화 카메라처럼 작동합니다. 활동을 할 때 뇌가 흡수하는 혈액 속 산소 수치를 측정하기 때문에 그렇습니다. 예를 들어 기능적 자기공명영상을 보면 울고 있는 사람의 사진과 아이스크림을 먹고 있는 사람의 사진을 볼 때 10대 아이들의 뇌가 어떻게 반응하는지 알 수 있습니다.

미국 국립정신건강연구소NIMH의 제이 기드Jay Giedd 박사와 동료들은 어린아이와 어른을 상대로 스캐닝 기술scanning technology을 사용한 종단연구longitudinal study(시간의 흐름에 따른 현상 변화를 조사하고 연구하는 과정-옮긴이)를 처음으로 진행했습니다. 1999년에 기드 박사 연구팀이 처음으로 연구 결과를 발표했을 때 해당 분야를 연구하는 사람들은 극히 적었습니다. 그 해에 어린아이를 대상으로 진행한 신경영상neuroimaging 사례 연구 관련 논문은 400편에 불과했습니다. 그러나 2010년이 되자 과학 잡지에 실린 관련 논문은 1400편으로 늘어났습니다. 이제 우리는 뇌가 수십 년에 걸쳐 발달하며 여러 뇌 지역이 서로 연결되는 방식을 훨씬 더 잘 알고 있습니다. 과학자들이 밝힌 내용을 이해하려면 간단하게라도 뇌 해부학을 알고 있어야 합니다.

사춘기 뇌에서 일어나는 중요한 일

뇌 발달에 관한 문제에서는 흑과 백이 없습니다. 실제로 존재하는 것은 회색과 흰색입니다. 뇌의 회색 부분인 회백질gray matter은 뉴런이라고 하는 신경세포 수천억 개로 이루어져 있습니다. 뇌와 신경계가 제대로 작동하려면 뉴런이 유선 전화 통신 체계처럼 제대로 신호를 보내고 받을 수 있어야 합니다. 뉴런의 중심에는 신경세포체cell body가 있으며, 신경세포체 안에는 세포핵이 들어 있습니다. 신경세포체야말로 뉴런의 사령부입니다. 앞서 말씀드린 비유를 들자면 전화기 자체인 것입니다. 신경세포체 밖으로는 수상돌기dendrite라고 하는 짧은 돌기들이 돌출해 있는데, 이곳에서 다른 세포가 보낸 신호를 받습니다. 보통 신경세포체에는 수상돌기가 수십만 개가 나 있는데, 작은 가지가 나 있는 수상돌기도 있습니다.

뇌의 흰색 부분인 백질은 축삭돌기axon로 이루어져 있습니다. 축삭돌기는 다른 세포에게 신호를 보내는 아주 긴 신경섬유입니다. 뉴런 하나당 축삭돌기는 오직 하나뿐이지만 축삭돌기에는 많은 가지가 나 있습니다. 다시 전화기에 비유하자면, 축삭돌기와 수상돌기는 각 전화기들을 잇는 전화선이라고 할 수 있습니다.

뇌 과학이 흥미로운 이유는 축삭돌기와 수상돌기는 실제로 서로 연결되어 있는 구조가 아니기 때문에 뇌가 유연하게 작동할 수 있다는 데 있습니다. 특별한 정보를 전달할 필요가 생기면 한 뉴런의 수상돌기와 다른 뉴런의 축삭돌기 사이에 시냅스synapse라고 하는 독특한 간극이 형성됩니다. 그리고 이 간극 사이를 전하를 띤 신경전달물질neurotransmitter이 움직입니다. 따라서 뇌는 '회로로 연결되어 있다'라는 표현은 단순한 비유가 아닙니다. 실제로 뇌는 연결되어 있습니다. 뇌를 연결하는 화학 물질은 100여 가지가 넘는데, 정확한 수를 아는 사람은 아무도 없습니다. 이런 신경전달물질 가운데에는 특정한 신경전달물질이 보내는 신호만을 받는 물질이 많습니다. 어떤 일을 하느냐에 따라 각 신경전달물질은 각기 다른 수용체 세포만을 활성화시킵니다.

아데노신도 그런 신경전달물질 가운데 하나입니다. 아데노신은 뇌의 수면 활동과 관계가 있습니다. 뇌가 아데노신을 생산해 분비하면 아데노신을 수용한 세포의 활동성은 떨어지고 결국 잠이 옵니다. 그런데 자연에는 아데노신과 화학 구조가 같은 쌍둥이 물질이 있습니다. 카페인입니다. 카페인은 세포의 아데노신 수용체와 결합해 우리를 꿈나라로 데려갈 아데노신이 세포와 결합하는 것을 막습니다. 신경정신과 의약품은 거의 대부분 이런 식으로 작용합니다. 프로작, 졸로프트, 렉사프로 같은 선택적 세로토닌 재흡수 억제제SSRI는 세포 수용체와 세로토닌의 결합을 막는 댐처럼 작용해 불안하고 우울한 감정을 완화합니다. 몸 밖에서 들어간 이런 물질들이 세로토닌을 흡수하는 세포의 수용체와 결합해 세로토닌의 흡수를 막기 때문에 혈관으로 분비된 세로토닌이 세포 안으로 재흡수되지 않고 오랫동안 활동할 수 있습니다.

'신경세포체 → 수상돌기 → 시냅스 → 신경전달물질 → 축삭돌기 → 신경세포체'로 진행되는 신경세포 연결망을 신경 경로neural pathway라고 합니다. 우리가 하는 모든 생각, 우리가 느끼는 모든 감정, 우리가 시작하는 모든 행동은 여러 뉴런이 전기를 이용해 서로에게 의사를 전달하는 일련의 과정으로 이해해도 좋습니다. 야구공을 던지는 연습을 하고 바이올린을 켜고 주기율표를 외울 때 우리 뇌에서는 특별한 신경 경로 수천 개가 활성화됩니다. 특정 활동을 하는 횟수가 늘어날수록 뇌 연결도 강화됩니다. 더구나 새로운 일을 배울 때마다 뇌는 더 많은 시냅스와 수용체를 만듭니다. 만들어질 수 있는 뇌 경로의 수를 알아보고 싶다면 계산을 해봅시다. 천억 개 뉴런이 최대 1만 개 정도까지 뇌 회로를 만들 수 있습니다. 실제로 태어났을 때 사람의 뇌를 구성하는 뉴런이 모두 서로 연결되어 있다면 갓 태어난 아기의 뇌는 맨해튼만큼 커야 할 것입니다. 다행히도 자연은 그렇게까지 많은 회로를 만들지 않는 방법으로 문제를 해결했습니다.

날씬하고 민첩하게 변하는 뇌

뇌는 환경에 적응할 수 있도록 독특하게 설계되어 있습니다. 사람의 발달 과정은 미리 프로그램화되어 있는 유전 경로를 따르지만, 여전히 환경에 따라 바뀔 여지는 충분히 있습니다. 개별 개체로서나 더욱 중요하게는 한 생물 종으로서 살아남는 데 필요한 기술과 능력을 개발할 수 있는 이유는 바로 그 때문입니다. 갓난아기는 '완전히 갖추어진' 채로 이 세상에 태어나지 않고, 기본 특성은 갖추고 있지만 환경에 가장 적합한 형태로 발달할 수 있는 가능성을 지니고 태어납니다. 그것이 바로 갓난아기가 필요한 뉴런보다 훨씬 많은 뉴런을 가지고 있으면서도 연결된 회로는 아주 적은 이유입니다.

뇌 발달 과정은 진화 경로를 따른다고 믿는 과학자가 많습니다. 가장 안쪽에 있는 뇌는 가장 원시적인 뇌이며 밖으로 갈수록 복잡한 뇌가 놓여 있다고 말입니다. 뇌에서 가장 안쪽에 있는 부분은 가장 빨리 발달합니다. 호흡, 수면, 심장 박동, 체온, 균형 감각, 배고프거나 목이 마르거나 불편할 때 보호자에게 자기 상태를 알릴 수 있는 여러 수단을 구사하는 능력 등, 생명체가 살아가는 데 필요한 가장 기본적인 기능을 담당하고 있기 때문입니다. 이런 원시적인 뇌 부분(뇌간과 소뇌)을 '파충류 뇌'라고 부릅니다. 애완 거북의 뇌나 카멜레온의 뇌와 비슷하게 생겼기 때문입니다. 갓난아기의 뇌에서 감각 영역과 운동 영역은 아주 빠른 속도로 다른 뇌 지역과 연결됩니다. 태어난 뒤, 첫 번째로 맞는 중요한 시기에 아이들의 뇌는 말하고 걷는 법을 먼저 익히고 그 뒤로는 물건을 쥐거나 붙잡는 것 같은 소근육 사용 기술을 익힙니다. 아기 침대에서 조용히 자고 있는 것처럼 보이는 아기도 사실은 1초에 200만 개나 되는 시냅스를 만들어내고 있는 중입니다.

일단 이런 기술을 익히면 뇌는 형성된 회로를 '밀봉'해 관련 뇌 지역의 가소성을 제거합니다. 해당 뇌 지역의 가소성을 없앤 '경화 작용' 덕분에 어린 시절 획득한 이런 기술들을 살아가는 동안 안정적으로 구사할 수 있습니다. 일단 할 수 있게만 되면 숨을 쉬거나 보는 일을 좀 더 잘할 필요가 없어지는 것입니다. 그러나 판단하는 능력이나 계획을 세우는 능력 같은 좀 더 복잡한 뇌 기능이 발달하려면 더 많은 시간이 필요합니다.

이 놀라운 과정이 진행되는 방식은 컴퓨터를 살펴보면 좀 더 쉽게 이해할 수 있습니다. 뇌는 여섯 살 정도가 되면 필요한 하드웨어(회백질)를 거의 대부분 확보합니다. 여섯 살 아이의 뇌 크기는 어른 뇌의 90퍼센트 정도입니다. 계속해서 자라는 부분은 두개골입니다. 여섯 살 무렵부터는 뇌가 재조직화하는 방향으로 발달합니다. 이 뇌의 재조직화는 신경계와 신체를 비롯한 복잡한 하드웨어를 최대한 활용해 여러 소프트웨어를 업그레이드하는 과정이라고 생각하면 됩니다. 이 같은 업그레이드는 유년기를 통틀어 점진적으로 일어납니다. 그러다가 사춘기가 되면 은유 장치가 새로운 운용 시스템으로 뇌에 장착됩니다. 훨씬 날씬하고 민첩한 뇌가 되는 것입니다.

어린아이의 뇌는 실제로 필요한 양보다 더 많은 시냅스와 신경회로를 만듭니다. 이런 시냅스와 신경회로는 살아가는 동안 점진적으로 줄어듭니다. 정원을 가꿀 때 식물이 더 야무진 열매를 맺고 튼튼하게 자랄 수 있도록 정원사가 필요 없는 잎과 가지를 쳐서 없애는 것과 비슷합니다.

최근에 뇌를 연구한 결과에 따르면 이런 가지치기는 청소년기에 가장 활발하게 일어난다고 합니다. 이것이 핵심입니다. 새롭고 중요한 회로는 끊임없이 만들어지지만 청소년기에는 어른이 되기 전에 필요 없는 회로를 제거하느라 뇌가 엄청나게 바쁘게 활동합니다. 기드는 특히 전두엽frontal lobe(이마엽)의 경우 유년기부터 청소년기 초기까지는 회백질의 양이 증가하지만 12세가 되면 일정하게 유지되었다가 곧 줄어

당신의 아들은 게으르지 않다

들기 시작한다는 사실을 밝혔습니다. 청소년기에는 뇌의 회백질 양이 7퍼센트 내지 10퍼센트 정도 줄어들며, 50퍼센트까지 줄어드는 뇌 부위도 있습니다. 그렇다고 두려워할 이유는 없습니다. 회백질이 줄어들어도 당신 아들의 뇌가 가진 능력은 줄어들지 않습니다. 단지 체계와 구조가 단순해지는 것뿐입니다.

뇌는 수초화myelination라는 과정을 거쳐 훨씬 효율적으로 바뀝니다. 수초는 신경회로에서 절연체처럼 작동하는 흰색 지방 물질입니다. 수초가 축삭돌기를 감싸면 정보 전달 속도는 100배는 빨라집니다. 갓 태어난 아기의 뇌는 호흡처럼 무의식적으로 일어나야 하는 신체 기능을 담당하는 뇌간(뇌줄기)의 신경회로에만 수초가 있습니다. 갓난아기는 반응 속도가 느린데 바로 다른 신경회로에 수초가 없기 때문입니다. 뇌 지역이 더 많이 연결될수록 수초는 필요한 곳으로 재빨리 정보를 보내려고 할 때 가장 중요한 역할을 합니다. 위험이 될지도 모르는 외부 자극에 반응하고 복잡한 문제를 풀려면 반드시 수초가 있어야 합니다.

또한 이제는 뇌 발달 과정에도 수초가 중요한 역할을 한다는 사실이 알려져 있습니다. 어린아이의 뇌를 이루고 있는 회색 부분이 흰색으로 바뀌면 뇌에 생성된 연결 회로들은 훨씬 더 강해지고 절연 효과도 높아집니다. 청소년의 뇌에서 일어나는 재조직화는 상당부분 필요 없는 부분을 잘라내고 수초를 만드는 과정으로 이루어져 있습니다. 그런데 스타인버그가 지적한 것처럼 정말로 중요한 것은 "리모델링이 일어난다는 사실이 아니라 일어나는 장소"입니다.

아주 쉽게
폭발하는 이유

생애 첫 시기에 일어나는 발달 과정은 놀라울 정도로 일정한 과정을 거칩니다. 아기들은 대부분 같은 시간표를 따라 같은 방식으로 발달합니다. 당신 아기가 또래 아기들보다 먼저 배변 훈련을 마쳤건 또래 아기들보다 늦게 걸었건 간에 아기들 사이에는 실질적인 차이가 없습니다. 몇 가지 심각한 문제만 막아낼 수 있다면 아기들은 결국 누구나 말하는 법을 배웁니다. 하지만 청소년의 뇌 발달은 예측할 수도 없고 일관성도 없습니다. 언어 능력, 논리 추론 능력, 계획을 세우는 능력, 자기 조절 능력 등, 10대 아이들이 익혀야 하는 기술과 능력은 아이마다 다른 속도로 발달하고 다른 결과를 냅니다. 충동, 변덕, 예측 불가능이라는 청소년기와 관계가 있는 매력적인 특성들은 모두 각 영역의 발달 과정이 균일하지 않기 때문에 나타나는 특징들입니다. 당신 아들은 그저 경험이 없고 결정 능력이 빈약한 작은 어른이 아닙니다. 당신의 뇌와는 전혀 다른 뇌를 가지고 있는 전혀 다른 존재입니다. 새로운 일을 받아들일 준비가 되어 있고 신나는 일을 해내려고 하고 당신이 만들어준 안전한 둥지에서 빨리 뛰쳐나가라고 유혹하는 뇌를 가지고 있습니다. 청소년 아들의 뇌는 '침착하게 한 번 더 생각해보는' 능력은 훨씬 뒤처져 있습니다.

감정을 조절하고 반응하는 데 관여하는 대뇌변연계limbic system(둘레계통)도 청소년과 어른의 뇌에서 차이가 나는 부분입니다. 사춘기가 되면 대뇌변연계가 폭발적으로 발달하지만 아직 계획을 세우고 충동을 조절하고 반사회적 행동을 억제하는 전전두엽 피질과는 제대로 연결되어 있지 않습니다. 뇌는 가운데부터 바깥쪽으로 성장할 뿐 아니라 뇌의 뒤쪽에서 앞쪽 방향으로 가지치기와 수초화가 일어납니다. 따라서 눈썹 위쪽에 위치한 뇌의 앞부분에 있는 전전두엽이 완전히 발달할 때까지 끈기를 가지고 기다려야 합니다. 완전히 복잡한 어른의 뇌를 가지려면 시간이 걸립니다. 거의 25년이라는 시간이 말입니다. 청소년기는 그렇게나 깁니다.

이제 잠깐 시간을 들여 당신 아들에 관해 생각해봅시다. 아들이 갑자기 감정적으로 당혹스러운 반응을 한다거나 아주 민감하게 행동했던 일들을 떠올려봅시다. 앞에서 살펴본 청소년기의 뇌 발달 과정을 생각해보면 아들의 뇌에서는 감정을 가라앉히고 일을 제대로 진행할 수 있게 해주는 뇌 영역이 아직 발달하지 않았음을 알 수 있을 것입니다. 나아가 어째서 많은 청소년 성장 발달 전문가들이 청소년기 아이들을 브레이크가 없는 스포츠카라고 묘사하는지를 이해할 수 있을 것입니다.

직감을 만드는 편도체

다행히도 우리 뇌에서 파충류 뇌가 차지하는 부분은 아주 적습니다.

파충류 뇌를 만든 뒤에 사람의 뇌는 원시포유류 뇌를 만듭니다. 비유적으로 표현해 파충류에서 포유류로 진화하는 이 단계에서 대뇌변연계가 발달합니다. 사람의 감정 체계가 기억에서 시작된다는 것은 정말 매혹적입니다. 사람의 장기 기억은 해마hippocampus라고 하는, 바다에 사는 해마를 꼭 닮은 뇌 조직 안에 저장됩니다. 해마 바로 옆에는 편도체가 있습니다. 편도체는 크기가 작다고 하찮게 여겨도 되는 조직이 아닙니다. 작은 견과류를 닮은 이 조직은 강편치를 날릴 수 있습니다. 편도체는 뇌의 문지기라는 아주 중요한 역할을 합니다. '직감'이라고 하는 감정이 바로 편도체에서 생겨납니다. 편도체는 새로운 상황이 위험할 수 있는지를 평가하고 필요하다면 우리 몸이 도망치거나 싸울 준비를 하게 합니다. 해마는 경험한 일이 좋은 기분을 느끼게 했는지 나쁜 기분을 느끼게 했는지에 관한 정보를 저장하고 편도체는 해야 할 일을 결정합니다.

뇌 가소성의 또 다른 예인 이런 종류의 감정 학습은 사람의 자기보호self-preservation에 아주 중요한 역할을 합니다. 우리 뇌는 저장해둔 경험을 사자나 호랑이, 곰 같이 위협이 될 수 있는 존재를 만나면 도망치는 데 사용할 수 있습니다. 미리 모아둔 정보는 또한 뇌에게 보상 가능한 상황을 알려주는 역할도 합니다. 예를 들어 당신의 아들이 졸업 무도회에 함께 가자고 요청할 '멋진 여자아이'에 관한 정보를 저장하기도 하는 것입니다. 이 같은 상황을 묘사하는 정확한(그리고 아마도 당신에게는 불편하게 느껴지는) 명칭은 '각성arousal'입니다. 각성이라는 말을 들으면 당신의 10대 시절이 생각날 것입니다. 프랜시스 젠슨 박사는 "청소년기 아이들이 아주 쉽게 폭발하는 이유는 살짝 고삐가 풀려 있고 지나치게 활발한 미성숙한 편도체 때문일 것"이라고 했습니다.

호르몬은 난폭한 사춘기의 원흉

지금까지 뇌에서 회로가 연결되고 절연체가 형성되는 과정을 살펴보았으니 이제부터는 좀 더 친숙한 물질을 살펴봅시다. 호르몬 말입니다. 뉴런이 생산하고 뇌에서만 분비되는 신경전달물질과 달리 호르몬은 내분비계(분비샘이라고 생각하면 됩니다.)에서 생산하고 몸 구석구석으로 이동합니다. 사춘기 때는 뇌의 약품 조제실이라고 할 수 있는 뇌하수체pituitary gland에서 대뇌변연계에 크게 영향을 미치는 호르몬을 방출합니다. 청소년이 청소년의 특징이라고 할 수 있는 과도한 감정 반응을 나타내는 것이 바로 이런 호르몬 때문입니다.(특히 투쟁–도피 반응과 관계가 있는 아드레날린과 테스토스테론이나 에스트로겐과 같은 '성' 호르몬이 청소년의 감정에 크게 영향을 미칩니다.)

10대 아이들은 어른들과는 다른 방식으로 감정을 느끼는데, 테스토스테론도 그런 차이를 만드는 이유 가운데 하나입니다. 사춘기가 되면 남자아이의 테스토스테론 수치는 그 전에 비해 30퍼센트까지 증가하는데, 청소년기에는 이 테스토스테론을 모두 사용할 수가 없기 때문에 테스토스테론 수용체가 가득 차버리는 것처럼 보입니다. 10대 남자아이들이 갑자기 난폭하게 굴면서 폭발하고 언제나 싸우고 싶어 하는 것처럼 보이는 이유는 바로 그 때문입니다. 이런 상태에서 술이 조금 들어가면 엄청난 재앙을 불러올 수 있습니다.

10대 아이들과 어른에게서 나타나는 훨씬 큰 차이점은 위험할 수도 있는 상황을 해석하는 능력입니다. 정보가 편도체로 들어갈 때는 먼 길을 택하거나 짧은 길을 택해 이동할 수 있습니다. 정보가 먼 길을 택해 편도체로 들어갈 때는 전두엽을 지납니다. 전두엽을 지나면서 정보는 논리를 따져보고 벌어진 일을 되짚어보고 충동을 조절하면서 과도한 감정을 걸러내고 벌어진 일의 의미를 축소합니다. 하지만 10대 아이들에게는 속도가 중요합니다. 자극을 인지하면 곧바로 감정이 생기고 자극에 반응하면서 격렬하게 폭발합니다. 그 이유는 10대 아이들의 뇌에서 대뇌변연계와 전전두엽 피질을 잇는 신경회로가 아직 완성되지 않았다는 데 있습니다. 다시 말해서 정보를 전달하는 긴 경로가 아직 완성되지 않은 것입니다.

기능적 자기공명영상으로 진행한 10대 아이들의 뇌 연구에서 전전두엽 피질 우회로는 비교적 초기에 발견한 뇌 구조입니다. 맥린스 병원의 아비게일 베어드Abigail Baird(신경성 얼빠짐neural gawkiness이라는 용어를 만든 사람)와 연구팀 동료들은 기능적 자기공명영상을 촬영하면서 두려움에 떨고 있는 남자들의 사진을 보여주었을 때 성인의 경우는 전두엽이 활성화된다는 사실을 확인했습니다. 하지만 청소년은 편도체가 반응했습니다. 당신은 분명히 같은 사진에 성인과 청소년이 다른 식으로 반응하는 이유가 궁금할 것입니다. 실제로 두려움에 떨고 있는 표정은 화가 난 표정보다 훨씬 더 큰 위협으로 인지할 수 있습니다. 뇌는 자신이 느끼는 위협이 실제 위협인지 아니면 그저 그런 생각이 드는 것뿐인지를 신속하게 판단할 수 있어야 합니다.

대뇌변연계에서 전전두엽 피질까지 가는 경로가 두 가지인 이유는 바로 그 때문입니다. 사자가 쫓아오는 것 같은 무시무시한 상황은 짧은 경로를 택해 정보를 전달합니다. 하지만 훨씬 모호한 상황이라면 뇌는 상황을 좀 더 명석하게 분석한 뒤에 싸울 것인지 도망칠 것인지를 판단합니다. 베어드 연구팀은 10대 아이들은 어른보다 상황 판단 능력이 떨어진다는 사실을 알아냈습니다. 그보다 더 무서운 일은 아이들은 두려움을 분노로 인지하는 등 실제로 감정을 잘못 해석한다는 것입니다. 결론은, 10대 아이들이 판단을 제대로 하지 못하는 이유는 감정을 처리하는 방법과 도파민 때문일 가능성이 크다는 것입니다.

욕망을 지배하는 도파민

신경전달물질 중에서도 도파민은 섹스, 마약, 로큰롤과 관계가 있기 때문에 너무나도 유명한 물질입니다. 뇌에서 도파민이 하는 많은 역할 가운데 하나는 기분 좋은 경험을 하려고 자꾸만 애쓰게 된다는 것입니다. 술이나 코카인, 헤로인 같은 마약은 도파민을 흉내 냅니다.(카페인 은 도파민 분비를 촉진하고 아데노신은 도파민 분비를 억제합니다.) 술이나 마약이 기분을 좋게 하고 쉽게 중독될 수 있는 이유는 바로 그 때문입니다. 당신이 하루 종일 꾹 참고 있는 섹스와 초콜릿 케이크도 마찬가지입니다. 초콜릿 케이크 한 조각은 일종의 개시 신호가 되어 도파민에 의지하는 신경회로를 활성화시킵니다. 이 신경회로는 한번 활성화되면 계속해서 점화된 상태를 유지하려고 합니다.

사회적으로는 생물이 어떤 식으로 설계되었는지에 관해 여러 가지 의견이 있겠지만 생물학적으로는 모든 생물은 생식을 하도록 설계되었다고 말할 수 있습니다. 일단 사람이 성적으로 성숙해지고 생식력을 갖게 되면 모든 준비는 끝납니다. 사춘기 동안 대뇌변연계 안에 있는 중격핵nucleus accumbens이라고 하는 작은 구조 속에서 도파민 수용체 수가 증가하는 이유는 이러한 사실과 관계가 있을지도 모릅니다. 청소년의 뇌를 다룬 책을 가장 먼저 출간한 저자 가운데 한 명인 바버라 스트로치Barbara Strauch는 10대 아이들의 뇌에 도파민이 미치는 영향을 언급하면서 다음과 같이 말했습니다. "10대 아이들이 보는 주변 환경은 거의 환각에 가까울 정도로 과장되어 보인다. 빨간색은 더욱 빨갛게 보이고 파란색은 더욱 파랗게 보인다. 10대 아이들의 세상은 훨씬 더 강렬하게 빛나고 있으며 훨씬 더 열광적이다……. 도파민은 마음의 벽을 아주 밝은 자주색으로 칠하고 마음 속 라디오를 켜서 '나가자, 해내자, 펄쩍 뛰자.'라며 선동하고 있는지도 모른다."

'나를 만족시켜줘. 나를 만족시켜줘.'라고 부르짖는 도파민 수용체의 요구를 들어주느라 10대 아이들은 자신도 모르는 사이에 위험한 자극에 이끌리는지도 모릅니다. 10대 아이들에게는 위험을 감수하는 것보다 더 기쁜 일은 없습니다. 다행히 위험이라고 모두 나쁜 것은 아닙니다. 청소년기의 엄청난 뇌 가소성과 민감성이 도파민과 결합하면 기회의 시기가 될 수 있습니다. 청소년기에 아이들은 새로운 일을 재빨리 배우며 세상을 탐험할 준비가 되어 있습니다. 물론 세상에는 토론회나 축구 시합처럼 아들이 해봤으면 하는 위험도 있겠지만 가까이 하지 않기를 바라는 위험도 있습니다.

로렌스 스타인버그 박사는 10대 아이들과 10대 아이들이 겪는 위험을 연구하고 있습니다. 스타인버그 박사는 주어진 상황에서 위험을 평가하는 능력은 10대 아이나 어른이 다르지 않다고 했습니다. 아이들에게 문제가 생기는 이유는 판단력이 떨어져서가 아니었습니다. 위험과 보상을 판단하는 기준이 어른과는 다르기 때문입니다. 도파민 수용체가 보상을 지나치게 부풀리는 판단 기준을 만듭니다. 스타인버그 박사는 "어린아이나 어른과 달리 청소년기 아이들은 보상이 있으리라고 생각하는 상황에는 쉽게 빠져들지만 손해를 볼지도 모르는 상황을 피해야 한다는 생각은 그다지 하지 않는 것 같다."라고 했습니다. 부모와 선생님은 10대 아이의 행동을 바꾸려면 벌을 주겠다고 위협하지 말고 보상을 주겠다고 약속하는 것이 더 효율적일 수 있다는 사실을 염두에 두어야 합니다.

아직 아이인 아들은 낮잠을 자야 한다

세 살 아이에게는 낮잠도 발달 과정의 일부입니다. 성장하고 있다는 사실은 10대 아이도 마찬가지입니다. 아직은 아이인 아들은 당연히 낮잠을 자야 합니다. 하지만 문제는 아들의 모습과 목소리가 성인과 같으니 부모가 그에게 성인처럼 행동하기를 기대한다는 데 있습니다. 하지만 아이의 뇌는 당신의 뇌와는 구조가 다릅니다. 화장실에서 잊지 않고 변기 물을 내리고 나온다거나 당신에게 오늘 하루는 어땠냐고 묻는 등 가끔은 정말로 어른처럼 행동하기 때문에 더욱 혼란스러워질 수밖에 없습니다. 하지만 아이의 발달 과정은 앞으로 갔다가 뒤로 가기도 합니다. 당신이 당신 아이의 나이였을 때는 당신이 기억하는 것보다 훨씬 어렸을 수도 있습니다. 특히 당신이 아버지라면 말입니다. 나도 그랬으니까요.

지금까지는 10대 아들이 그렇게 민감하고 격동적이고 경솔할 수밖에 없는 이유를 설명하는 중요한 내용을 몇 가지 살펴보았습니다. 자기보호라는 욕구 앞에서 대뇌변연계와 감정이 어떤 역할을 하는지를 살펴보았습니다. 그런데 이런 욕구는 학교에서 잘해내고 싶다는 의욕과는 사뭇 다릅니다. 즐겁고 새로운 일을 찾으려는 아들의 열망은 생물학 실험을 잘하고 싶다거나 역사 숙제를 잘하고 싶다는 형태로는 발현되지 않습니다. 대뇌변연계가 아들의 마음에 어떤 영향을 미친다면, 학습을 하는 쪽보다는 학습을 포기하는 쪽으로 마음먹게 할 것입니다. 더 생산적으로 활동하고 더 나은 선택을 하고 모든 감정 에너지를 좋은 쪽으로 이용하려면 이성과 평온을 부르는 목소리가 아들의 마음속에서 성장해야 합니다. 전전두엽 피질이 건네는 목소리를 들어야 합니다. 안타깝지만 10대 아이들은 주위를 살펴보지도 않고 충동적으로 행동하는 경향이 있습니다.

4장

내 아들은 게으른 것이 아니라
자신과 힘겹게 싸우는 중이다

아들에게는 어쩔 수 없는 부분이 있다

매년 비극적이지만 우스꽝스럽게 세상을 떠나거나 생식 능력을 잃은 사람에게 주는 다윈 상이라는 것이 있습니다. 자연선택설을 주장한 과학자 다윈의 이름을 딴 이 상의 취지는 '어처구니없는 사고로 죽음으로써 인류의 게놈을 향상시킨 공로를 인정해 수여한다'는 것입니다. 가족과 함께 옐로스톤 국립공원에 갔을 때 나는 아주 멋진 다윈 상 후보자를 한 명 발견했습니다. 그 남자는 들소에게서 멀리 떨어져 있으라는 푯말 바로 아래에서 아름답지만 너무나도 위험한 들소 옆에 바짝 몸을 붙이고 사진을 찍고 있었습니다.

이 불운한 사람들은 모두 어떤 일을 해내야겠다는 분명한 목표는 있었지만 그 일을 해내려면 어떤 과정을 거쳐야 하는지를 무시했습니다. 그들에게는 상식과 판단력이 없었습니다. 심리학자들이 말하는 '이성의 목소리'란 눈썹 바로 뒤에 있는 전전두엽 피질에서 수행하는 총체적인 집행 기능 작용을 의미합니다. 그리고 이 작용이 일어나는 뇌 영역을 보통 전두엽이라고 부릅니다. 과학자들은 이성의 목소리가 머무는 곳은 알아냈지만 이 목소리가 정확히 무엇인지는 정의하지 못했습니다.

얼마 전에 국제 학회에서 만난 여러 나라의 전문가들도 이성의 목소리를 정의하는 데는 의견의 일치를 보지 못했습니다. 신경심리학자들이 실제로 측정하는 '개시', '유지', '전환', '억제' 같은 뇌 기능이 상황을 판단하고 충동을 억제하는 사람의 독특한 능력과는 거리가 먼 것처럼 느껴진다는 점도 합의된 정의를 내리지 못하는 이유입니다. 집행 기능을 갖추고 있으면 각각의 뇌 기능이 합쳐져 훨씬 좋은 결과를 냅니다.

개념을 쉽게 이해할 수 있도록 교육자와 심리학자가 집행 기능의 의미와 작동 방식을 지나치게 단순화해 설명하고 있음을 아는 순간 상황은 더욱 복잡해집니다. 개시, 유지, 전환, 억제 같은 개념을 좀 더 친숙한 능력인 계획하기, 조직하기, 학업 기술 같은 친숙한 용어로 바꿨을 때 분명히 얻을 수 있는 이점이 있습니다. 하지만 지나치게 단순화한 정의를 아들의 문제에 적용하면 적절한 해결책을 찾기 어려워질지도 모릅니다.

할 수 없는 것과 하지 않는 것의 차이

어떤 사람들은 집행 기능을 가르칠 수 있다고 생각합니다. 그러나 집행 기능을 가르치려는 노력은 사실 쓸모가 없습니다. 그런 기술들은 사실 아들로서는 조절할 수 없는 반사적인 뇌 기능이기 때문입니다. 더구나 10대 아이들의 전전두엽 피질은 여전히 성장하고 있습니다. 전전두엽 피질은 뇌에서 마지막으로 가지를 치고 수초화한 뒤에 뇌의 나머지 부분과 완전하게 연결되는 부분입니다. 다시 말해서 뇌의 소프트웨어는 하드웨어가 완전히 장착되기 전까지는 업그레이드될 수 없습니다. 더구나 10대 아이들은 배운 기술을 일상생활에 적용하고 자기가 한 일에 책임을 질 정도로 충분히 성숙하지는 못했습니다.

그런가 하면 지레 포기하는 아이들에게 조직력이 필요하다고 생각하는 이들도 있습니다. 물론 당신의 아들에게 좀 더 효율적인 조직력이 필요할 수도 있습니다. 하지만 조직력이 문제를 치료할 근본 해결책은 아닙니다. 부모와 선생님은 아이들이 훨씬 더 효율적이라면 주어진 문제를 더 잘 처리하리라고 생각합니다. 하지만 10대 아이는 집행 기능을 갖춘 작은 행정관이 아닙니다. 어쩌면 당신이 아들의 나이였을 때는 지금 생각하는 것만큼 조직적인 아이가 아니었을 겁니다. 아이가 겪는 문제를 가방을 정리하고 학교 숙제 노트를 꼼꼼하게 정리하는 일 등으로 축소하는 것도 지나친 단순화입니다.

한편 어떤 부모는 아들이 좀 더 열심히 하는 것으로 문제를 해결할 수 있다고 생각합니다. '할 수 없다.'와 '하지 않는다.' 사이에는 차이가 있습니다. 부모는 아이들에게는 하지 않는 일보다는 할 수 없는 일이 더 많다는 사실을 분명히 알아야 합니다. 아이들이 할 수 없는 이유는 자신감이 없기 때문일 수도 있지만 전전두엽이 아직 제대로 발달하지 않아 제 기능을 하지 못한다는 것이 가장 큰 이유입니다.

집행 기능이 작동하는 방식을 이해하는 가장 쉬운 방법은 집행 기능을 작동시킬 수 없을 때 일어나는 일을 관찰하는 것입니다. 지레 포기하는 아이들은 집행 기능이 제대로 발달하지 않았거나 조금만 발달했기 때문에 문제를 겪는 경우가 많습니다. 다음에 나열한 문제를 읽으면서 아들에게도 같은 문제가 있는지 확인해봅시다. 주의력결핍과잉행동장애가 있는 아이는 집행 기능 장애가 있는 경우가 많지만 집행 기능

장애가 있다고 해서 주의력결핍과잉행동장애가 있다고 단정할 수는 없습니다.

- 집중하지 못한다. 특히 해야 할 일이나 과제가 지루하거나 어려울 때는 더욱 그렇다.
- 당장 마감이 아닌 일은 모두 미룬다.
- 지루하거나 어려워 보이는 일을 시작하려면 큰 자극이 필요하다.
- 시간 감각이 없고, 어떤 일을 할 때 걸리는 시간을 제대로 계산하지 못해서 늦을 때가 많다.
- 우선순위를 제대로 정하지 못한다.
- 하던 활동을 멈추고 다른 활동을 해야 할 때는 스트레스를 많이 받는다.
- (비디오 게임처럼) 좋아하는 일을 못하게 하면 짜증을 내거나 노골적으로 거부한다.
- 쓰레기를 버리지 않거나 숙제를 제출하는 걸 잊거나 학교에서 올 때 동생을 데리고 오라는 부탁을 잊어버린다.
- 물건을 자주 잃어버린다.
- 가방 안, 책상 위, 사물함 안이 지저분하다.
- 해야 할 일을 대충 엉성하게 하는 경우가 많다.
- 단 한 가지 방법으로만 문제를 풀려고 한다. 잘못된 방법이라고 해도 말이다.
- 과제나 오랜 시간 해야 하는 숙제를 끝내지 않고 미룬다.
- 어느 날은 열심히 하다가도 어느 날은 아예 꼼짝도 하지 않으려고 한다.
- 아주 사소한 일에 걱정을 하고 쉽게 좌절하거나 흥분한다.
- 참을성이 없다.
- 자아 인식이 없고 다른 사람의 감정을 눈치채지 못한다.

- 미리 앞서 계획하지 못하고 자기가 하는 일이 불러올 곤란함도 예상하지 못한다.

- 의욕이 없다. (특히 숙제처럼 좋아하지 않는 일은 할 마음을 먹지 않는다.)

정말로 하기 싫은 일을
시작하는 것은
누구에게나 힘들다

200만 년 동안 진화하면서 사람의 뇌는 세 배가량 커졌습니다. 하지만 단순히 크기만 커진 것이 아닙니다. 성능도 좋아졌습니다. 이성이 자리 잡은 전두엽은 가장 늦게 발달했습니다. 이 '생각하는 뇌'가 사람을 사람으로 만드는 역할을 한다고 말하면 크게 틀리지는 않을 것입니다. 왜 그렇게 말할 수 있는지는 비교해부학 지식을 조금 살펴보면 알 수 있습니다. 여러 영역으로 이루어져 있는 전두엽은 사람의 전체 뇌 용량에서 40퍼센트를 차지하는 가장 큰 부분입니다. 수억 개의 뉴런으로 이루어진 전두엽은 실제로 여러 활동에 관여하는 다른 뇌 부분을 조절합니다. 전전두엽 피질을 교향곡을 지휘하는 지휘자에 비유하는 이유도 바로 그 때문입니다. 주의력결핍과잉행동장애를 누구보다 앞서 연구한 개척자 가운데 한 명인 토머스 브라운Thomas Brown 박사는 교향곡 비유를 통해 아주 명쾌하게 설명합니다.

"모든 연주자가 자기 악기를 최고로 연주하는 교향악단이 있다고 생각해보자. 이 교향악단에 언제 어떤 식으로 악기를 연주하고 멈추어야 하는지를 결정하는 지휘자가 없다면 연주자는 모두 같은 악보를 보면서 같은 박자대로 자기 파트를 연주할 것이다. 적절한 순간에 목관 악기에게 연주를 시작하라고 지시하고 현악기는 소리를 줄이라고 알려주는 지휘자가 없다면 어떻게 될까? 뛰어난 지휘자가 모든 연주자를 통합하고 조절하지 않는다면 교향악단은 그다지 좋은 음악을 연주해낼 수 없을 것이다."

많은 연주자로 이루어진 전문 교향악단처럼 집행 기능도 여러 뇌 부분이 서로(그리고 뇌의 나머지 부분과도) 통합되어 단일 목적을 이루어냅니다. 이 단일 목적을 자기 조절 능력이라고 하는데, 자기 조절 능력은 개별 개체와 생물 종이 생존하는 데 아주 중요한 역할을 합니다. 자기 조절 능력이 있어야만 케이크를 굽거나 논문을 쓰거나 소송을 준비하는 등 단기 목표를 이룰 수 있는 행동을 해낼 수 있습니다. 또한 자기 조절 능력은 자제력을 발휘해 장기적으로 가장 이득이 되는 선택을 할 수 있게 도와줍니다. 전전두엽 피질 덕분에 우리는 목표와 목적을 세우고 그 목표를 이룰 수 있는 계획을 세우고 실행할 수 있습니다. 다음은 전전두엽 피질이 하는 일들입니다.

- 기억 저장소에서 관계가 있는 경험이나 지식을 끌어옵니다.
- 마음속에서 '만약에 ……면'이라는 가정을 하게 해 위험 여부를 평가하고 비뚤어진 부분이 있는지 파악합니다.
- 집중할 수 있게 해줍니다.
- 일을 해낼 수 있는 순서대로 계획을 실행할 수 있게 해줍니다.
- 현재 진행되는 상황에 주목하고, 행동 방향을 바꾸어야 할 경우를 대비해 변하는 주변 상황을 살펴봅니다.

- 목표를 이룰 때까지 강렬한 감정 반응이나 충동을 지연시키는 역할을 합니다.
- 결과를 평가합니다.

집행 기능과 관련된 능력

이제부터 집행 기능에 관해 살펴볼 텐데, 반드시 기억해야 할 점이 한 가지 있습니다. 각 집행 기능은 독자적으로 작동하지만 각각의 기능은 겹치는 부분이 많으며 집행 기능이 지원하는 능력도 겹치는 경우가 많습니다.

- **작업 기억:** 작업 기억은 우리가 하는 거의 모든 일에 관여합니다. 그런데 이 용어는 오해의 소지가 있습니다. 작업 기억은 기억의 한 형태가 아닙니다. 그보다는 주어진 과제를 완성하려면 알고 있어야 하는 정보의 흐름을 놓치지 않고 계속 붙잡아두는 경찰서 유치장과 같습니다. 어떤 화장지를 구입할지 고민하면서 식료품 구입 목록의 네 번째 항목을 기억해내는 경우가 아주 단순한 작업 기억이 발현되는 예라고 하겠습니다. 학습에서 작업 기억이 아주 중요하다는 사실은 아무리 강조해도 지나치지 않습니다. 당신 아들이 수업 시간에 필기를 하려면 뇌의 한 부분은 선생님 말을 계속 들어야 하며 또 다른 부분(작업 기억)은 필기를 할 수 있을 정도로는 선생님이 한 말을 기억하고 있어야 합니다. 읽은 내용을 이해하려면 이전에 알게 되었지만 어느 정도 시간이 지나기 전까지는 다시 언급하지 않은 사실이나 사람, 특징을 계속해서 기록하고

간직하는 작업 기억이 필요합니다.

작업 기억의 역할은 그저 정보를 붙잡아두는 데만 있지 않습니다. 정보를 찾는 역할도 합니다. 작업 기억이 문제 풀이와 비판적 사고에 반드시 필요한 이유는 바로 그 때문입니다. 작업 기억은 해결해야 하는 과제와 관련 있는 이전 경험과 과제를 풀려면 반드시 알아야 하는 지식을 소환할 수 있게 해줍니다. 작업 기억은 '만약 그렇다면'이라는 가정을 해야 하는 상황에서 작동하며, 일을 제대로 해낼 수 있도록 실행 목록을 보관하는 뇌 지역에서 발현합니다.

- 반응 조절 능력: 자극을 받자마자 야기되는 충동을 그대로 드러내는 것이 항상 좋은 선택은 아닙니다. 주어진 상황에서 가능한 모든 반응을 살펴본 뒤에 취할 반응을 선택하는 것이 바람직한 삶의 자세입니다. 그런 선택을 하려면 생각할 시간이 필요한데, 생각할 시간은 가장 처음 일어나는 충동을 억제할 수 있는 사람만이 얻을 수 있습니다. 실제로 심리학자들은 사람이 반사적으로 보이는 반응을 억제하는 능력을 검사해 반응 조절 능력을 측정합니다.(파란색 잉크로 '빨간색'이라는 글자를 적는 것처럼 색 이름과는 다른 색 잉크로 쓴 글자를 보고 글자가 아닌 잉크 색을 말하게 하는 검사를 예로 들 수 있습니다.)

반응 조절 능력은 주목하고 집중하는 데 중추 역할을 합니다. 쉽게 집중력이 흐트러지는 사람은 주변을 둘러싼 수많은 일에 계속해서 반응합니다. 반응 조절 능력은 판단을 내릴 때도 중요한 역할을 합니다. 자기가 한 행동에 대해 생각할 시간을 주기 때문입니다. 행동 방향을 바꾸거나 생각할 시간을 충분히 마련해준 휴식이 있었기에 문명은 발달할 수 있었습니다. 반응 조절 능력이 없었다면 인류는 살아가는 내내 엄청난 비극에 휩싸였을 것입니다.

- **감정 조절 능력:** 감정 조절은 우리에게 어떤 느낌이 드느냐가 아니라 우리가 느끼는 감정에 어떤 식으로 반응하느냐의 문제입니다. 감정 조절 능력은 감정에 휩쓸리거나 압도되지 않고도 우리가 느끼는 감정을 받아들이게 해줍니다. 앞장에서 살펴본 것처럼 정보는 직접 편도체로 들어가 그 즉시 싸울 것이냐 도망칠 것이냐의 반응을 일으킬 수도 있고 집행 기능계를 지나는 좀 더 먼 길로 돌아갈 수도 있습니다. 우회로를 거치는 정보는 자연스럽게 속도를 늦추고 좀 더 바람직한 반응을 생각할 여유를 갖게 됩니다. 나는 정말 펄쩍 뛰고 싶은가? 좀 더 살펴보는 게 낫지 않을까? 이런 생각을 하게 되는 것입니다. 아장아장 걷는 아기가 땅바닥에 대자로 뻗어서 분노와 좌절을 참지 못하고 비명을 지르며 우는 것은 상당 부분 전두엽이 발달하지 않았기 때문입니다.

일반적으로 가장 조절하기 힘든 감정은 분노, 좌절, 실망, 비난 앞에서 예민해진 마음, 욕망 같은 감정들입니다. 이런 감정들은 아주 빠르게 마음을 잠식할 수 있습니다. 이런 감정을 조절하기 힘든 사람은 특히나 다른 시각으로 이런 감정을 바라보기가 어렵습니다.

- **시작하기, 멈추기, 그리고 바꾸기:** 정말로 하기 싫은 일을 시작하는 건 대부분의 사람에게 힘든 일입니다. 지레 포기하는 아이들에게는 거의 불가능에 가깝습니다. 효과적으로 일을 시작하려면 감정도 조절할 수 있어야 하고 시간도 관리할 수 있어야 하고 자신도 점검할 수 있어야 합니다. 더구나 원치 않는 일을 시작한다는 것

은 지금 한참 즐기고 있는 일을 멈추어야 한다는 의미일 때도 많습니다. 현대 디지털 세상에서는 끊임없이 주의력을 빼앗는 일들이 생깁니다. 주의력결핍과잉행동장애가 있는 아이들은 좋아하는 일에는 '과도하게 집중하는' 성향이 있습니다. 한 가지 일에 완전히 몰입해서는 나머지 일은 무시해버립니다. 남자아이를 제일 좋아하는 비디오 게임 앞에서 떼어놓으려면 지금 아이가 가상 세계에서 벌이고 있는 전투만큼이나 치열한 전투를 치러야 합니다.

한 가지 일을 멈추고 다른 일을 시작함을 의미하는 '전환'은 한 가지 방법이 효과가 없을 때는 다른 방법으로 문제를 풀 수 있는 유연함을 발휘하게 하는 것입니다. 즉 나사가 너무 뻑뻑해서 나삿니가 다 벗겨질 정도로 돌렸는데도 풀리지 않는다면 계속 힘을 주지 않고 다른 방법을 쓰게 하는 것입니다. 전환은 환경이 바뀌었을 때 필요한 경우 초기 가정을 개선하거나 수정할 수 있게 해줍니다.

- 자기 점검 능력: 자신을 점검하려면 자기 밖에서 자신의 일을 들여다볼 수 있어야 합니다. 가장 이상적인 상태는 자기 점검 능력이 경보 장치처럼 언제나 마음속에서 떠나지 않고 작동하는 것입니다. 자기 점검 능력은 거의 모든 집행 기능을 수행할 때 중요한 역할을 합니다. 감정과 반응을 조절할 때도 자기 밖으로 나가 실제로 어떤 일이 일어나고 있는지를 관찰하는 일이 중요합니다. 문제를 효율적으로 해결하려면 일이 어떤 식으로 진행되고 있는지를 평가하고 주기적으로 계획을 점검해야 합니다. 앞서 살펴본 것처럼 자기 인식 능력은 청소년기에 발달하기 시작합니다.

- **주의력과 집중력 유지하기**: 작동하고 있음을 알지 못하지만 없으면 생존할 수 없다는 점에서 주의력은 뇌에 있어 호흡과 같은 역할을 합니다. 심지어 파충류의 뇌조차도 주의를 기울일 줄 압니다. 이렇게 기본적이지만 생존에 반드시 필요한 집행 기능에 관여하는 뇌 체계는 아주 많지만 주의력을 조절하는 뇌 영역은 전전두엽 피질입니다. 흔히 사람들은 주의력이라고 하면 극단적인 두 가지만을 생각합니다. 주의력이 있거나 없다는 식으로 말입니다. 하지만 사실은 그보다 훨씬 복잡합니다. 주의력이 발휘되려면 먼저 필요한 곳에 주목할 수 있어야 합니다(개시). 그리고 그 일이 필요한 만큼 주의를 집중해야 합니다(유지). 좀 더 흥미로운 일로 주의를 빼앗기지 않아야 합니다(억제). 그리고 적당한 시간이 되면 다른 일로 주의를 돌려야 합니다(전환).

- **조직력**: 인생의 90퍼센트는 원래 있던 것들을 유지하는 일입니다. 그 때문에 조직력이 아주 중요합니다. 사실 조직력은 집행 기능이 아닙니다. 그보다는 집행 기능의 부산물이라고 할 수 있습니다. 그런데도 부모와 선생님은 집행 기능에 관해 들으면 곧바로 조직력을 떠올립니다. 학교생활을 성공적으로 해내려면 조직력이 반드시 필요하기 때문입니다. 대부분의 아이에게 책상을 치우고 옷장을 정리하고 방을 청소하는 일은 따분하기도 하고 지루하기도 합니다. 주의력결핍과잉행동장애인 사람들이 지저분한 이유는 그 때문입니다. 주의력결핍과잉행동장애인 사람들에게 지루함은 죽음과 같기 때문입니다.

  뇌가 정보를 처리하는 방법에 따라 조직력은 크게 두 가지로 나누어집니다. 언어 조직력과 시각 조직력입니다. 물건을 둔 장소를 기억하는 일은 시공간적 과제입니다. 어디에 두었는지, 마지막으로 본 건 어디였는지, 도대체 어디에 있는지 등에 관한 문제가 시공간적 과제에 해당합니다. 시간 관리는 우리 뇌에서 언어를 맡고 있는 반구에서 처리합니다.(대부분은 좌반구입니다.) 왜냐하면 언어 정보는 순차적으로 처리되기 때문입니다.

• **자신에게 말 걸기:** 사실 우리는 자신에게 하루 종일 말을 합니다. 이런 은밀한 대화는 집행 기능의 많은 측면에 아주 중요하게 작용합니다. 예를 들어 실제로 행동(작업 기억과 자기 점검)을 취하기 전에 자기가 처한 상황이나 겪는 사건을 곰곰이 생각해 볼 때 우리는 자신과 대화할 때가 많습니다. 자신과 하는 대화는 컴퓨터 전원을 꺼야겠다거나 빨래를 해야겠다거나 퇴근을 하고 집에 가는 길에 드라이클리닝 맡긴 옷을 찾아가야겠다는 결정을 내리는 개시 신호로 작동합니다. 자신과 하는 대화에서 중요한 것은 '자기'입니다. 자신과 하는 대화는 아들에게 자기 일은 자기가 해야 한다거나 방을 치우라거나 숙제를 하라고 말하는 것과는 다릅니다. 그런 대화는 나중에 살펴볼 예정입니다. 자신에게 하는 대화는 자기조절 능력을 발휘할 때 아주 중요한 역할을 합니다.("천천히, 멈춰서 생각해."라고 말할 수 있는 것입니다.) 언어는 감정을 조절할 때 가장 효과적으로 사용할 수 있는 위기 대처 기술입니다.

아들에게는 부모라는
받침대가 필요하다

부모가 아이들이 이뤘으면 하고 바라는 목표
는 사실 아이들이 이루고자 하는 목표가 아닙니다. 어른들은 '나는 누구
인가?', '나는 어떤 사람이 될 것인가?' 같은 질문에 답을 찾으면 아이들
에게 도움이 되리라고 생각합니다. 그런데 당신 아들은 그런 질문에 답을
찾는 데는 조금도 관심이 없어 보입니다. 적어도 표면적으로는 말입니다.
아이의 집행 기능은 아직 충분히 발달하지 않았기 때문에 자기가 빠질 구
멍을 스스로 파고 있음을 도무지 눈치채지 못합니다. 이런 아이에게는 분
명히 도움이 필요합니다. 하지만 10대 아이들은 홀로 서겠다는 각오가 대
단해서 절대로 부모의 손은 잡으려고 하지 않습니다. 지레 포기하는 아이
들이야말로 그런 도움을 받지 않겠다며 가장 맹렬하게 저항하곤 합니다.

초창기 육아 전문가 하임 기노트Haim Ginott는 이런 상황을 가리켜 10
대 아이들은 "대출을 받아야 하면서도 경제적으로 자립하기를 원하는
사람"이라고 표현했습니다. 아들을 도우려면 자립하겠다는 아들의 마
음을 존중해주어야 합니다. 아이가 당신이 돕고 있다는 사실을 알지
못하도록 뒤에서 은밀하게 도와주어야 합니다. 심리학에서는 이런 도

움을 '받침대 되어주기scaffolding'라고 합니다.

부모는 덜 할수록 좋다

어린아이들을 관찰해보면 분명히 알게 되겠지만 어린아이들은 자신을 통제하는 일이나 미리 앞서 생각하는 일을 못합니다. 어린아이들은 어른들이 귀 뒤를 씻어야 한다거나 한동안 텔레비전 앞을 떠나 있을 때는 텔레비전 전원을 꺼야 한다거나 수업 시간에 할 말이 있을 때는 손을 들어야 한다는 등의 행동 지침을 알려주어야 합니다. 고등학생들은 스스로 다 컸다고 생각하지만 그들에게도 한계를 정해주고 해야 할 일들을 상기시켜야 합니다. 아직 집행 기능이 완전히 발달하지 않았으니 어른들이 외부에서 아이들의 전전두엽 피질 역할을 해주어야 합니다. 아이들이 아주 어렸을 때는 부모는 본능적으로 아이들의 받침대가 되어 줍니다. 아이들이 혼자서 할 수 있을 때까지 도와줍니다. 길을 건널 때면 손을 잡아주고 아이들이 먹을 수 있도록 음식을 잘게 잘라주고 스스로 글을 읽을 수 있을 때까지 책을 읽어줍니다. 아이가 자기 의사를 제대로 표현하지 못하면 대신 의견을 말해줍니다. 직관적으로 부모는 아이가 할 수 없는 일이라면 그 일을 할 수 있도록 안내해주고 격려해줍니다. 본질적으로 아이에게 받침대가 되어준다는 것은 부모나 선생님이 아이가 '거의' 할 수 있게 된 기량이나 능력을 완전히 익힐 수 있도록 도와준다는 뜻입니다.

아이가 성장하려면 어른이 도와주어야 합니다. 능력과 기량은 하루 아침에 갑자기 획득할 수 없습니다. 점진적으로 발전시켜야 합니다.

살아가는 데 필요한 능력과 기량을 완전히 갖추기 전에 아이들은 준비 단계를 거칩니다. 이 준비 단계를 근접발달대Zone of Proximal Development, ZPD라고 합니다. 기하학이나 지리학 관련 용어처럼 들리지만 사실 근접발달대는 비행기가 이륙하려면 충분한 속도를 내려고 달리는 활주로에 비유하는 것이 훨씬 적절합니다. 뇌 회로가 발달하면서 아이들의 능력도 조금씩 발달하지만 안정적이지는 않습니다. 아기는 제대로 걷기까지는 뒤뚱거리고, 유창하게 글을 읽기 전까지는 더듬거리며 자기 의견을 제대로 표현하지 못하기도 합니다. 근접발달대는 어린아이와 10대 아이들이 스스로 할 수 있는 일과 없는 일 사이에 존재하며, 조금만 도와주면 그들이 스스로 할 수 있는 일들과 관계가 있습니다.

받침대가 되어준다는 것은 과도하게 아이 일에 개입하는 것과는 다릅니다. 받침대가 되어주는 부모는 아들이 집행 기능을 발휘할 수 있도록 돕지만, 과도하게 개입하는 부모는 아이를 통제하고 조정하려고 합니다. 받침대 역할을 하는 부모가 되려면 1장에서 살펴보았던 '덜 할수록 좋다.'라는 지침을 기억하고 있어야 합니다. 아이의 집행 기능이 발달할 수 있도록 도와주려면 문제를 풀어주지 말고 아이가 문제를 풀 수 있는 기회를 주어야 합니다. 말은 '적게' 하고 '더 많이' 들어주어야 합니다. 그래야 아이가 자기를 인식하면서 자기 느낌을 제대로 알고 감정을 제대로 조절하는 법을 배웁니다. 당신의 가치관은 '적게' 말하고 아이의 가치관을 '더 많이' 말할 수 있는 기회를 주면 아이는 스스로 목표를 세워나갈 것입니다. 통제는 '적게' 하고 아이가 체계를 잡을 수 있도록 도와주면 아들은 시간을 관리하는 법과 자신을 규제하고 조절하는 법을 잘 배우게 될 것입니다.

아들이 스스로 전략을
세울 수 있게 돕는 방법

받침대를 가장 밑에 깔았으니 이제부터는 당신 아들이 계획을 더 잘 세우고 자기 점검을 제대로 하고 효과적으로 전략을 짤 수 있도록 도울 방법을 몇 가지 살펴봅시다.

"아들아, 어떤 전략을 세우고 있니?"

전략은 집행 기능의 부산물입니다. 전략은 주어진 과제를 더욱 효과적으로 해낼 수 있는 과정이나 작은 계획이라고 할 수 있습니다. 예를 들어 열쇠를 벽에 걸어두는 일은 열쇠를 잃어버리지 않으려고 많은 사람이 매일 구사하는 전략입니다. 단지 그런 행동을 전략이라고 부를 생각을 하지 못하는 것뿐입니다. 선생님들은 언제나 학습 전략을 구사합니다. 예를 들어 미국 선생님들은 COPS 전략을 구사합니다. COPS란 '대문자Capitalization로 짜임새 있게Organization 구두점Punctuation과 철자Spelling를 제대로 쓸 것'의 약자입니다. 선생님들은 아이들이 제출한 보고서를 교정해오라고 돌려보낼 때 보고서 위쪽에 COPS라고 씁니다.

아이에게 한 가지 전략을 가르쳐주면 하루를 효율적으로 살아갈 수 있습니다. 그리고 아이에게 스스로 전략을 세우는 법을 가르쳐주면 평생 효율적으로 살아갈 수 있습니다.(물론 아이에게 전략을 세우는 법을 가르치는 일은 낚싯줄을 재빠르게 휘두르는 방법을 가르쳐주는 것과는 달리 쉽지 않을 것입니다. 하지만 이것이 아주 중요하다는 사실만큼은 누구나 알고 있을 겁니다.) 주의력결핍과잉행동장애를 앓고 있는 사람들이 혼란스러운 삶을 살아가는 이유는 은행 계좌에 들어 있는 돈보다 훨씬 많은 돈을 지출하고 계속해서 물건을 잃어버려도 자기가 얼마나 심각한 혼란 속에서 살아가는지 모르기 때문입니다. 나는 내담자들과 함께 일이 엉망이 되고 있음을 인지하고 계획대로 일이 진행되지 않는 이유를 파악하는 게 중요한 이유를 이야기해봅니다. 일단 일이 엉망으로 진행되고 있음을 파악한 뒤에는 일을 제대로 처리할 수 있는 방법을 이야기해봅니다. 예를 들어 다음처럼 말입니다.

- 자꾸 지갑을 놓고 온다면 집에 들어올 때나 나갈 때 언제나 '철저하게 점검'하면 됩니다.
- 차량등록사업소가 닫혀 있어서 들고 간 수표책을 조수석 보관함에 넣어두었는데, 막상 수표책을 꺼내려고 하니 찾을 수가 없었다면 앞으로는 물건을 보관할 때 '여기가 물건을 넣어두기 좋은 곳이야.'라는 생각이 드는 곳에 넣어두면 안 됩니다. 그보다는 '여기가 물건을 잃어버리면 제일 먼저 찾을 곳이야.'라는 생각이 드는 곳에 물건을 보관해야 합니다.

아들이 스스로 전략을 세울 수 있게 도와주는 일이야말로 집행 기능을 발달시킬 수 있는 아주 좋은 방법입니다. 스스로 전략을 세우려면 앞을 내다볼 수 있어야 하고 자신을 점검할 수 있어야 합니다. 스스로 전략을 세울 수 있게 되면 체계 없이 진행했던 일이나 수표책을 넣어둔 곳을 잃어버리는 것 같은 작업 기억이 제대로 해내지 못했던 일을 효과적으로 수습할 수 있습니다. 전략은 열쇠를 걸어놓는 것 같은 규칙일 수도 있습니다. 따라서 아들이 일을 엉망으로 만드는 경우를 본다면 전략적으로 생각할 필요가 있다고 말해주어야 합니다. 먼저 아들이 전략을 세우는 과정을 지켜보고 건설적인 전략을 세우지 못할 때는 몇 가지 제안을 해주는 것이 좋습니다. 어떤 전략이 가장 효과적인지를 스스로 알아낼 기회를 주어야 합니다. 잔소리를 하는 것보다는 '어떤 전략을 세우고 있니?'라고 묻는 것이 훨씬 효과적입니다. 더구나 전략을 물음으로써 얻을 수 있는 이득은 또 있습니다. 아들의 짜증도 훨씬 줄어들 것입니다.

1장에서 설명한 캠스터를 기억하시나요? 캠스터는 전형적인 모두에게 사랑받는 아들입니다. 나는 캠스터가 성적을 올릴 수 있도록 한 달 동안 매일 저녁 숙제를 하게 했습니다. 캠스터는 그 도전을 받아들였지만 그러려면 몇 가지 전략을 세워야 했습니다. 캠스터는 '학교에서 오자마자 주방에 앉아서 숙제하기' 같은 내가 정한 규칙은 받아들이지 않았습니다. 그 대신에 자기만의 방법을 찾기로 했습니다. 캠은 아시아계 아이들 성적이 월등하게 높다는 사실을 깨닫고 인터넷에서 '아시아계 아이들의 공부 습관'을 찾아봤습니다. 캠은 '따듯하게 입기'라는 항목은 거부했지만 '클래식 음악을 듣기'라는 항목은 받아들였습니다. 캠은 클래식 음악을 싫어했기 때문에 빨리 음악을 멈추려고 부지런히 숙제를 했습니다. 캠이기 때문에 쓸 수 있는 전략이었고, 효과가 있었습니다.

진언

진언mantra은 명상을 계속할 수 있도록 계속해서 되뇌는 주문 같은 말입니다. 그런 진언이 집행 기능과 무슨 관계가 있다는 것인지 궁금할지도 모르겠습니다. 진언은 자기 대화와 많은 점에서 비슷합니다. 인지 행동 치료법으로 주의력결핍과잉행동장애를 가진 어른들을 돕는 심리학자 메리 솔란토Mary Solanto 박사는 10대 아이들이 사용할 수 있는 전략을 한 가지 발견했습니다. 특별한 구호를 계속해서 외치면 자기 대화 능력을 발전시킬 수 있다는 것입니다. 당신 아들이 더 조직적으로 생활하고 과제를 완성할 수 있도록 돕는 개시 신호로 진언을 사용할 수도 있습니다.

다음은 내가 좋아하는 진언들입니다. 필요하면 활용해도 좋습니다.

- "계획이 뭐니, 스탠?"
- "전략적으로 생각해!"

다음은 솔란토 박사의 진언 몇 가지입니다.

- "계획표에 없으면 존재하지 않는 거야."
- "시작할 때 문제가 있다면 첫 번째 단계를 너무 거창하게 잡은 거야."
- "무슨 일이든 우선순위를 정해서 하는 거야."
- "가장 어려운 일은 시작하는 거지."

- "모든 것을 위한 장소, 그 안에 있는 모든 것."
- "몸이 멀면 마음도 멀어진다."
- "오늘 하지 않은 일은 사라지지 않는다. 그저 내일 훨씬 더 어려워진다."

솔란토 박사는 10대 아이들과 대화를 나누고 의견을 들은 뒤에 10대 아이들이 좋아할 진언도 몇 가지 만들었습니다.

- "그냥 입 다물고 할 일이나 해. 그럼 그 애들도 더는 괴롭히지 않을 거야."
- "지금 하지 않으면 완전히 망할 거야."

원한다면 직접 진언을 만들어도 됩니다. 어떤 진언이든지 효과가 있습니다. 그저 계속해서 여러 번 반복하면 됩니다. 글로 적어서 냉장고에 붙여놓아도 됩니다.

전략과 기술

다음은 '10대 아이들이 기꺼이 하지 않을 일들'이라고 분류할 수 있는 전략들입니다. 길고 복잡한 이름이지만 요점은 정확하게 짚었습니다. 아무튼, 정말로 도움이 되는 전략들입니다. 이 전략들을 앞으로 설명할 다른 방법들과 결합하면 아들에게 큰 도움이 될 것입니다.

- 25 전략: 시간을 25분 단위로 나눕니다. 25분 동안 해야 할 일을 한 뒤에 5분을 쉬는 것입니다. 이 시간 관리 방법을 포모도로Pomodoro 기술이라고 합니다. 포모도로는 미국 가정이 디지털화되기 전에

어느 집이나 가지고 있던, 토마토처럼 생긴 타이머에서 온 이름입니다.(포모도로는 이탈리아어로 토마토라는 뜻입니다.) 5분 쉴 때는 화장실에 다녀오거나 간식을 먹는 등 오직 한 가지 일만 해야 합니다. 세 번 내지 네 번 정도 포모도로 시간을 보내면 15분 동안 쉽니다. 컴퓨터나 스마트폰에서 사용할 수 있는 포모도로 앱도 많습니다.

- 원 기술: 25분 집중하는 동안 다른 곳에 정신을 빼앗길 때가 얼마나 많은지를 점검해보는 방법입니다. 일단 원을 하나 그리고 집중해야 하는 시간 동안 다른 곳에 정신을 빼앗기거나 다른 일을 하고 싶은 충동이 일 때마다 원 안에 선을 하나 긋습니다. 선을 그을 때마다 왜 정신이 다른 곳으로 쏠리는지 고민하고 다시 공부에 집중합니다. 포모도로 시간이 끝나면 원 안에 그은 선의 개수를 셉니다. 이 방법은 불안을 살펴볼 때 좀 더 다룰 것입니다.

- 집중을 방해하는 행동 미루기: 집중하려고 그린 원의 옆이나 다른 종이에 숙제를 하지 못하게 방해하는 (인스타그램 확인이나 문자 보내기, 게임하기 같은) 일들을 적어봅시다. 그런데도 다른 일이 하고 싶어서 몸이 근질거린다면 다음 쉬는 시간에 그런 일들을 마음껏 해봅니다.

- 미리 계획하기: 많은 가정교사가 과제를 하는 데 걸리는 시간과 실제로 걸린 시간을 기록할 수 있는 스터디 플래너를 사용하라고 권합니다. 스터디 플래너를 사용하면 일정을 살펴 계획을 세우는 법을 배울 수 있을 뿐 아니라 평가하는 능력도 향상됩니다. 다음은 내가 만든 스터디 플래너입니다.

스터디 플래너

예상시간			난이도	
해야 할 일	과제 예상 시간	실제 걸린 시간	예상 난이도: 1(아주 쉬움)부터 5(아주 어려움)까지	실제 난이도: 1(아주 쉬움)부터 5(아주 어려움)까지
단어 정리	20분	35분	4	2

거꾸로 계획 짜기

장기 과제를 해야 할 때는 목록을 작성하거나 표를 만들어 과제를 수행하려면 거쳐야 하는 단계들을 모두 적어봅니다. 가장 마지막으로 할 일(과제 제출) 옆에 마감 시간을 적습니다. 그때부터 역으로 올라오면서 오늘 날짜에 이르기까지 해야 할 일을 쭉 적어봅니다. 할 일 옆에는 마감 날짜도 적어야 합니다.

장기 과제를 위해 역으로 계획 짜기

1. 주제 선정	오늘 날짜:
2. 가설 설정	마감 날짜:
3. 참고 자료(책, 논문, 웹사이트) 수집	마감 날짜:
4. 관련 내용 조사	마감 날짜:
5. 개요 작성	마감 날짜:
6. 첫 단락 쓰기	마감 날짜:
7. 본문 쓰기(보고서 분량에 따라 단락 수 결정)	마감 날짜:
8. 결론 쓰기	마감 날짜:
9. 교정하기	마감 날짜:
10. 검토하기	마감 날짜:
11. 제출	마감 날짜:

스클라 과정Sklar Process을 고안한 메리디 스클라Marydee Sklar는 위 목록을 표로 작성하는 방법을 선호합니다.

역으로 계획 짜기를 위한 표

주제 선정	가설 설정	참고 자료(책, 논문, 웹 사이트) 수집	관련 내용 조사
날짜:	날짜:	날짜:	날짜:
개요 작성	첫 단락 쓰기	본문 쓰기	본문 쓰기
날짜:	날짜:	날짜:	날짜:
결론 쓰기	교정하기	검토하기	
날짜:	날짜:	날짜:	제출

목록을 모두 작성했거나 표를 만들었으면 이번에는 각 단계를 달력에 적어 넣습니다. 마감 날짜부터 역행 순으로 일정을 점검하고 해야할 일을 적어 넣습니다. 필요에 따라서는 며칠씩 걸리는 단계도 있을 것입니다.

아들의 미루기에 대처하는 전략

미루기는 아주 효과가 좋다는 점에서 궁극의 회피 전략이라고 할 수 있습니다. 해야 할 일을 미루는 이유는 불안하기 때문인데, 불안은 비디오 게임처럼 좀 더 즐거운 일을 하면 쉽게 잊을 수 있습니다. 그런데 왜 불안한 것일까요? 미루기에 대해 연구한 닐 피오레Neil Fiore 박사는 미루기는 문제가 아니라고 했습니다. 오히려 숨어 있는 다음과 같은 문제를 해결하려는 노력이라고 했습니다.

- 실패할 수도 있다는 두려움
- 완벽주의
- 지루함
- 엄청난 부담감

최근에 티머시 피칠Timothy Pychyl 박사와 피어스 스틸Piers Steel 박사의 캐나다 연구팀은 미루지 않는 사람에 비해 미루는 사람들에게서 뚜렷하게 나타나는 두 가지 특징을 제시했습니다. 바로 충동적이라는 점과 자기 미래를 명확하게 규정하지 못한다는 점입니다. 영국 심리학자 푸시아 시로이스Fuschia Sirois 박사는 사람들은 대부분 불안을 조금 느꼈을 때 해야겠다는 의욕을 갖지만 미루는 사람들은 다르다고 말합니다. 시로이스 박사는 미래의 모습을 명확하게 가지고 목표대로 나아가는 사람과 달리, 미루는 사람들은 자신의 미래를 분명하게 그리지 못한다고 믿습니다.

엄청난 부담감을 안고 사는 아들을 도울 수 있는 전략은 많습니다.(역으로 계획 짜기도 그런 전략입니다.) 작은 과제는 큰 과제보다 관리하기 쉽고 주눅도 덜 들게 합니다. 따라서 큰 과제를 작은 과제로 나누어 진행하는 방법도 실패하리라는 두려움을 완화해주는 좋은 방법입니다. 개요 작성이 중요한 이유는 바로 그 때문입니다.

하지만 미루기는 또 다른 문제와도 관계가 있습니다. 힘이라는 문제 말입니다. 미루기는 힘이 없는 사람이 힘이 있는 사람을 상대로 이득을 취할 수 있는 한 가지 방법입니다. 노동조합은 미루기(작업 속도 늦추기)를 활용해 수년 동안 파업을 하지 않으면서도 자기주장을 관철할 수 있습니다. 아들도 마찬가지입니다. 표면적으로는 숙제를 실생활과 상관없고 의미도 없는 일이라는 태도를 취하고 있지만 사실은 자기 속도대로 숙제를 해낼 권리를 유보함으로써 권위를 상대로 싸우고 있는 것입니다. 피오르 박사의 말은 많은 의미를 갖습니다. "힘이 없는 피해자인 당신은 공개적으로는 맞설 수 없음을 느낍니다. 왜냐하면…… 그렇게 했다가는 분노와 처벌이라는 힘든 결과를 감당해야 할 수도 있으니까요. 하지만 미룬다면 일시적이라고는 해도 은밀한 방법으로 자신에게 드리워진 권위를 조금쯤은 쫓아낼 수 있고, 발을 질질 끌고 건성으로 일함으로써 어느 정도는 반항할 수 있습니다." 미루기의 역학에 대해서는 2부에서 더 살펴볼 것입니다. 지금은 미루기를 고칠 수 있는 몇 가지 전략만 살펴봅시다.

1. **아무것도 하지 않는 것도 방법**: 포모도로 기술을 사용해 과제를 진행해나갑니다. 생각이 막히거나 여러 이유로 아들이 더는 과제를 해나갈 수 없다면 아무것도 하지 않게 해야 합니다. 정신을 다른 곳에 빼앗기지 않으려고 그린 원이 '다른 생각을 했음' 표시로 가득하다고 해도 이 과정의 일부라고 생각해야 합니다. 알람이 쉬는 시간을 알리면 5분 쉬게 하고 다시 과제를 진행하게 합니다. 결국 수도꼭지가 열리고 모든 일이 수월하게 흘러가기 시작할 것입니다.(이 전략에서 중요한 것은 아들에게는 해보라고 권유를 해야지 반드시 해

야 한다고 명령하면 안 된다는 점입니다.)

2. **미루기 표 작성하게 하기**: 미루기 표를 작성하면 일을 제대로 진행할 수 있을 뿐 아니라 자신이 불안한 이유를 알게 되고 합리적으로 생각할 수 있게 됩니다.

미루기 표

과제	과제에 대한 생각	실제로 한 일	미룬 이유	결과
국어 작문	'작문을 잘 쓸 수 있을 리가 없어.'	인스타그램, 페이스북, 유튜브	'제출일은 목요일이니까.'	수요일까지는 끝내야 했는데, 못해서 목요일 새벽 두 시까지 자지 못함
수학 연습 문제 풀이	'할 수 있어.'	숙제 완료	안 미룸	100점

5장

다 큰 남자는
울면 안 돼!

소년이 남자가 되는 일은 아주 어렵다

얼마 전에 저는 여태껏 여자와 친구가 되어 본 적이 없다는 사실을 깨달았어요. 저는 감정이란 건 절대로 이해하지 못하고 여자들과 한마디도 나눈 적이 없어요. 남자들은 감정에 관해서는 완전히 문맹이잖아요. 우리가 하는 말이라고는 일, 농담, 스포츠, 그리고 여자 이야기밖에 없어요.

– 스물세 살 대학원생 조시

저랑 친구들은 맨날 몰려다녀요. 학교에서는 화장실에 틀어박혀서 문을 막고 있어서 아무도 화장실에 들어올 수가 없어요. 새로운 멤버는 받지 않아요. 완전히 비밀 집단이에요. 나랑 진짜 친한 친구 아니면 현실 이야기는 하지 않아요. 보통 다른 애들을 놀리고, 우리끼리도 서로 놀리면서 지내요. 여자 이야기를 하지만 자기가 진짜로 좋아하는 것이 무엇인지 같은 속마음은 절대로 이야기하지 않아요.

– 열여섯 살 마이크

나는 25년이 넘게 아이들을 치료하면서 상담을 해왔습니다. 하지만 그전에도 열여섯 살 때부터 캠핑장에서 지도원으로 일했고 어린아이들을 돌보는 일도 했습니다. 더욱 전에는 나 역시 어린 소년이었고요. 그러니 남자아이들에 관해서는 조금 압니다. 남자아이들을 한데 모아놓으면 그 활발함과 원기 왕성함과 에너지를 정말로 주체할 수가 없습니다. 남자아이들은 경이로울 정도로 소란스럽고 장난기가 많습니다. 남자아이들을 잠재울 수 있는 방법은 아주 피곤하게 만드는 것밖에는 없을 때가 많습니다. 남자아이들은 경쟁심이 강하고 공격적이지만 아이들이 맺는 관계는 아주 단순합니다. 쉽게 화를 내지만 그리 오래가지 않습니다. 누군가 모욕을 하면 능숙하게 반격을 하거나 심지어 주먹을 날릴 때도 있지만 싸웠다는 사실 자체를 곧 잊어버립니다. 여자아이들은 다릅니다. 말싸움이라도 하면 여자아이들은 계속해서 편을 바꾸면서 간접적인 방법으로 문제를 해결하려고 며칠이나 애를 씁니다. 캠핑장 지도원으로 일할 때 여자아이들 담당자는 대부분 아이들의 다친 마음을 보듬어주려고 애썼지만 남자아이들 담당자는 멍이나 코피, 부러진 뼈 때문에 애를 먹어야 했습니다.

소년의 삶은 아주 단순하지만 소년이 남자로 성장하는 일은 절대로 쉽지 않습니다. 단순하기 때문에 더 어렵습니다. 〈타임〉의 표지 기사로 실렸던 '소년들에 관한 신화The Myth About Boys'에서 데이비드 본 드렐David Von Drehle은 "소년들을 교화시켜야 한다는 생각은 수천 년 동안이나 지속된 강박관념이다."라고 주장합니다. 그는 소크라테스를 인용하면서 "어떻게 하면 위대한 영혼을 가진 고귀한 본성을 찾을 수 있을까?"라고 말했습니다.

지레 포기하는 아들을 이해하려면 남자가 되는 일이 아주 어렵다는 사실부터 인정해야 합니다. 여성성을 입증해보라는 요구를 거의 받지 않는 여자아이들과 달리 10대 남자아이들은 끊임없이 자신이 남자임을 입증해야 합니다. 남자아이들의 남성성은 줄곧 시험에 드는데, 학교 시험과 달리 남자아이들은 이 시험에 통과하기를 진심으로 바랍니다.

남자아이들은 경쟁을 사랑합니다. 특히 누가 가장 거친 남자인지를 입증할 수 있는 경쟁을 사랑합니다. 캠핑장에서 만난 활발한 열 살짜리 남자아이들은 끊임없이 누가 제일 잘 하는지를 가려내느라 정신이 없었습니다. 가장 빠른 아이는 누구인지, 가장 웃긴 아이는 누구인지, 가장 크게 방귀를 뀌는 아이는 누구인지, 트림을 하면서 알파벳을 가장 정확하게 말하는 사람은 누구인지를 끊임없이 확인하려고 했습니다. 남자아이들은 끊임없이 서로를 놀리고 상대방을 깔아뭉갰습니다. 남자아이들에게는 놀림을 받아도 힘들다는 내색을 하지 않는 것, 상처받은 마음을 숨기는 것, 재빨리 응수를 해서 상대방을 놀리는 것, 벌어진 일은 툴툴 털어버리고 앞으로 나가는 것이 무엇보다도 중요했습니다. 하지만 남자아이들이 정말로 참기 힘든 모욕도 있습니다. 바로 "호모 녀석아!"라고 놀리는 것이었습니다.

사회적으로 동성애를 조금은 더 관대하게 받아들이게 된 지금도 '게이'라는 단어는 중학교와 고등학교에서 허약함을 상징하는 남자아이들을 가장 모욕하는 말로 쓰이기도 합니다. 여자아이들의 청소년기도 결코 쉬운 시기는 아닙니다. 여자아이들도 거만하다거나 건방지다는 등의 말을 듣지만 여자아이의 성정체성을 의심하고 비하하는 경우는 그다지 많지 않습니다. 하지만 남자아이들은 다릅니다. 《아들 심리학》에서 댄 킨들런Dan Kindlon과 마이클 톰슨은 다음과 같이 말했습니다. "남성적이라는 사실을 입증해야 한다는 부담을 느낄 뿐 아니라…… 남자다움을 입증해야 자기에게는 여자 같은 면이 하나도 없음을 정확하게 드러낼 수 있다고 생각한다. …… 일부러 의식적으로 다른 아이들을 공격하고 여성적이라고 규정할 수도 있는 자신의 특성을 공격하는 이유는 바로 그 때문이다. 예민함, 공감 능력, 동정심 같이 감성적이라고 분류할 수 있는 모든 감정이 남자아이들이 스스로 공격하는 특성들이다."

남자아이는 여자아이의 시선을 원하지만 그의 남자다움을 입증해줄 사람들은 동성 친구입니다. 당신의 아들에게 남자다움이란 무엇인가를 가르쳐주는 사람들은 그 아이만큼이나 남자가 된다는 것의 개념이 없는 또래 남자아이들입니다. 자신이 어떤 사람이 되고 싶은지 아직 모르는 10대 남자아이들은 운동을 잘하거나 사교적이어서 무엇이든지 잘 아는 것처럼 보이는 또래 친구를 우러러봅니다. 약하게 보이는 것은 아주 위험하기 때문에 남자아이들은 과장된 남성상을 이상형으로 받아들입니다. 운동선수, 래퍼, 슈퍼히어로, 액션 배우, 심지어 게임에 등장하는 전사 등 문화가 부추기고 있는, 절대로 패하지 않고 죽지 않는 강한 남성상을 이상형으로 받아들입니다. 10대 남자아이들에게 남성성을 갖는다는 것은 줄타기와 같아서 조금만 발을 헛디뎌도 큰일이 납니다. 20대 초반인 한 내담자는 10대였을 때 인기 있는 일본 만화에 나오는 영웅처럼 되고 싶었다고 털어놓았습니다. "여자들이 그 영웅을 얼마나 좋아했는데요. 금욕주의자고 과거도 비밀에 싸여 있어요. 저는 그런 사람이 되고 싶었어요. 음침하고 냉소적인 안티 히어로로요."

10대 아이들은 그들만의 신조를 만듭니다. 주요 교리는 '절대로 여자

같으면 안 돼!'입니다. 남자아이들이 서로를 '호모'라고 부르면서 동성애를 혐오하는 것처럼 보이는 것은 사실 동성애자처럼 보일 수도 있다는 두려움과는 크게 상관이 없습니다. 그보다는 다른 남자아이들이 자신을 여자처럼 볼 수도 있다는 두려움 때문입니다. 입 밖으로 내지는 않지만, 남자아이들은 '여자 같은, 범생이 같은 겁쟁이'는 되지 않기 위해 많은 신경을 씁니다.

"절대로 여자 같으면 안 돼."

남자는 어떠해야 한다는 교육은 아주 어렸을 때부터 시작합니다. 네 살쯤 되면 남자아이들은 "다 큰 남자는 우는 거 아니야."라는 말을 듣기 시작합니다. 울지 말라는 명령은 시작일 뿐입니다. '호모'와 '게이'라는 말뿐만이 아니라 또래 남자 친구들, 선생님, 심지어 아버지까지 "끊임없이 계집애처럼 굴면 안 된다.", "어린 여자애처럼 행동하지 마."라는 말을 합니다. 그뿐이 아닙니다. 남자아이들은 좀 더 남자다워야 한다는 훈계까지 듣습니다. "남자답게 용감해라.", "남자답게 책임져라.", "남자답게 행동해라." 같은 말을 듣습니다. 운동 경기에서 부상을 입어도 훌훌 털고 일어나 다시 뛰는 것이 남자들에게 요구되는 문화입니다. 모든 운동 경기에서 뇌진탕 비율이 전염병에 맞먹는 비율로 높은 것은 이러한 문화에서는 어쩌면 당연한 일입니다.

남자아이들의 남성성은 키가 얼마나 큰지, 얼마나 빨리 달릴 수 있는지 등 모두 수치로 측정할 수 있습니다. 이 남자아이들이 자라면 남성성을 측정하는 기준은 얼마나 많은 여자와 섹스를 했는지, 얼마나 많은 돈을 버는지로 바뀝니다. 남자들은 영원히 다른 남자들과 자신을 비교합니다. 그래서 남자들은 이상한 행동이나 외모를 가지고 서로를 끊임없이 놀립니다. 이런 놀림들은 대부분 서로 웃으면서 끝낼 수 있습니다. 남자아이들의 세상은 별명으로 가득합니다. 별명은 선생님이나 감독도 부릅니다. 그런데 이런 평가 기준에는 단점이 있습니다. 부여받은 별명에 맞추어 사느라 아이들은 진짜 자기 모습을 희생해야 합니다.

학계에서 남성성에 관한 논문을 쓸 때는 실행적인 측면만을 다룹니다. 제임스 마할릭James Mahalik은 남자들은 '강하고 조용한', '거친 남자', '바람둥이', '진정한 경쟁자'라는 몇 가지 정의를 따른다는 연구 결과를 발표했습니다. 소년이 택할 수 있는 선택은 변함없는 자세로 확신에 차서 불평도 하지 않고 고통을 드러내지 않는 금욕주의자 영웅을 연기하는 것뿐입니다. 금욕주의자는 강하고 능력이 있습니다. 금욕주의자는 행동이 말보다 더 많은 말을 한다고 믿습니다. 작가 제프리 마르크스Jeffery Marx는 금욕주의자였던 자기 아버지를 묘사하면서 이렇게 썼습니다. "기온을 알리는 일기예보관으로는 기복이 있었지만 아버지의 감정 온도계는 보통 가운데 지점에 머물러 있었다. 아버지의 신념이 강하다는 사실은 언제나 그의 행동을 통해 알 수 있었다. 그는 변함없이 가족에게 헌신했고, 늘 옳은 일을 하셨고, 사람들을 잘 대하셨다. 하지만 자기 감정과 느낌을 말하는 건 어땠을까? 감정을 말로 표현하는 일은? 아니, 그런 일은 없었다. 감정을 밖으로 드러낸다는 생각은 아버지에게는 너무나도 낯선 개념이었다."

의존성과 애정을 갈망하는 마음은 남자라면 느껴서는 안 되는 감정이기 때문에 친근한 관계를 맺게 될 때는 '들어오지 마시오.'라는 푯말을 집어 듭니다. 청소년기의 남자아이에게는 특히 어머니와의 관계가 가장 위험합니다. 왜냐하면 어머니는 얼마 전까지만 해도 남자아이가 가장 의존했던 사람이기 때문입니다.

'호모'라는 욕이 남자아이들을 가장 무기력하게 만드는 욕이라면 두 번째 욕은 아마도 '마마보이'일 것입니다. '마마보이'의 반대말은 '대디 걸'일 텐데, 아빠에게 의존하는 딸이라는 표현에는 그다지 모욕적인 의미가 담겨 있지 않습니다. 소년이 남자가 되려면 소녀가 여자가 되는 것과는 다른 방식으로 어머니와 분리되어야 하기 때문입니다. 걸음마를 걷는 아기일 때까지는 남녀 모두 자기 '엄마'처럼 되고 싶어 합니다. 이때는 남자아이도 인형 놀이나 소꿉장난을 해도 됩니다. 어느 정도까지는 말입니다. 네 살쯤 되어 남자아이가 울면 안 된다는 말을 들을 무렵이면 부엌일도 하면 안 된다는 말을 듣기 시작합니다. 사회학자 낸시 초도로우Nancy Chodorow는 남자아이는 가장 먼저 어머니와 애착 관계를 형성하기 때문에 남자가 되려면 결국 어머니와 의절할 필요가 있다고 말합니다. '절대로 여자 같으면 안 돼!'라는 신조는 바로 여기에서 시작합니다. 남자아이들이 가져야 한다고 생각하는 남성성은 '엄마처럼 되면 안 돼!'라는 부정어로 시작하는 것입니다.

어머니와 너무 가까워지면 안 된다는 압력을 받는 남자아이들과 달리 여자아이들은 어머니하고 완전히 분리되는 일이 없습니다. "아들은 결혼하기 전까지만 아들이지만 딸은 평생 딸이다."라는 말도 있습니다. 여자아이들은 선택을 할 필요가 없습니다. 여자아이들은 계속해서 부모에게 의지하면서도(이로 인해 10대 시절은 분명히 지옥처럼 느껴질 테지만) 자립했다는 기분을 느낄 수 있습니다. 하지만 남자아이는 부모의 인정을 받으려는 욕구나 의존하려는 마음을 부끄럽게 여깁니다. 그런 감정은 애정을 갈구하는 것처럼 느껴지기 때문에 받아들일 수가 없습니다. 그렇기 때문에 계속해서 감정적으로 거리를 두려고 하고, 자기 방에 틀어박혀 있으려고 하고, 자신의 독립을 위해 반항하고 맞서 싸우려고 합니다. 남자다워야 한다는 요구 때문에 10대 아이들이 통과해야 하는 양가감정의 다리를 건너는 일은 한층 복잡해집니다. 타인에게 의지한다는 것은 어린이이면서 여자가 되는 이중으로 끔찍한 상황을 의미합니다.

친밀한 관계는 맺지 않는다는 태도는 남자들 관계에도 좋지 않은 영향을 미칩니다. 남자아이들은 관계를 위계질서라고 생각합니다. 평생 동안 힘이 있는 자리를 차지하려고 다투기 때문에 남자들은 언제나 많이 알고 있다는 인상을 심어주어야 합니다. 여자아이들은 끊임없이 같은 편과 경쟁자가 바뀌는 사교적인 세계에서 살고 있기 때문에 누구를 알고 있는가를 근거로 지위를 획득할 수 있습니다. 하지만 남자아이들에게 중요한 것은 '누구를 알고 있는지'가 아니라 '무엇을 알고 있는지', '무엇을 할 수 있는지'입니다. 중고등학교 남자아이들은 주말에 여자아이들과 어울렸던 일이나 자신의 운동 능력을 자랑하지만 학교 연극에서 주연을 맡았다거나 연주회에서 바이올린 솔로를 맡았다는 이야기는 결코 하지 않습니다. 남자아이들의 남성다움은 운동 능력과 관계있지 학교에서 우등생이 되는 일과는 전혀 관계가 없습니다.

연구 결과에 따르면 남자아이들은 여자아이들처럼 자기 이야기를 하는 것을 좋아하지 않습니다. 그래서 남자아이들은 많은 시간을 특별한 활동을 하면서 보냅니다. 그런 성향은 나도 잘 압니다. 자전거를 탈 수 있는 계절이면 나는 함께 자전거를 타는 친구들과 몇 시간이고 이야기를 할 수 있습니다. 하지만 자전거를 탈 수 없는 겨울에는 그 친구들을 거의 만나지 않습니다.

성별에 따른 언어 차이를 집중적으로 연구하고 있는 언어학자 데버라 태넌Deborah Tannen은 남자와 여자들이 얼마나 다른 방식으로 인간관계를 맺는지를 아주 흥미롭게 소개합니다. 예를 들어 심각한 주제에 관해 10대 아이들에게 의견을 말해달라고 요청하면, 6학년 여자아이들은 문제없이 자기 감정과 우정에 관해 말합니다. 같은 질문을 받은 6학년 남자아이들은 가만히 있지 못하고 두서없이 이야기하지만 '감정과 우정'에 관한 이야기는 거의 하지 않습니다. 고등학교 1학년이 되면 여자아이들은 의자를 바짝 붙이고 서로의 눈을 보면서 대화하며, 친밀한 관계를 맺는 데 어려움을 느끼지 않습니다. 하지만 남자아이들은 교회 신도석에 앉은 것처럼 의자를 나란히 배열하고는 먼 곳을 보면서 이야기를 나눕니다. 놀랍게도 그들은 이렇게 어깨를 맞대고 있는 자세를 취해야 좀 더 마음을 터놓고 이야기를 할 수 있었습니다.

일반적으로 남자아이들은 10대가 되기 전까지는 친밀한 우정을 나눌 수 있습니다. 하지만 안타깝게도 나이가 들면 또래 친구들을 신뢰하는 마음은 줄어들고 혼자서 고립되는 모습을 보일 때가 많습니다. 어쩌면 선사 시대에는 짝짓기 본능 때문에 남자들이 서로를 경쟁자로 보게 되었는지도 모릅니다. 하지만 나는 남자들이 서로에게서 멀어지는 성향은 10대 아이들이 친구를 묘사할 때 반복하는 표현과 밀접한 관련이 있다고 생각합니다. "그 애랑 친하게 지낸다고 해서 내가 호모인 건 아니에요."라고 말해야 하는 상황 말입니다. 여자아이가 친구에 관해 이야기하면서 "나랑 그 애는 레즈비언 애인이 아니에요. 그냥 친구예요."라고 하는 말을 들어본 적이 있나요? 압니다. 터무니없는 말이죠.

왜 남자들 세계에선
감정을 숨겨야 할까?

자기 감정을 이해하거나 표현할 수 있는 안
전한 방법이 없는 남자아이들에게는 오직 두 가지 가능성만이 있습니
다. 첫 번째 방법은 감정을 감추는 것입니다. 남자아이에게는 감정을
감추는 것만이 자기 불신, 불완전함, 두려움을 감추는 유일한 방법입
니다. 두 번째 방법은 그다지 바람직하지는 않습니다. 싸우거나 반항
하거나 범죄 행위에 가담하는 방법으로 감정을 표출하는 것입니다. 남
자들이 가장 안전하게 표현할 수 있는 감정은 분노뿐입니다. 남자들에
게는 슬퍼하는 것보다는 미치는 것이 훨씬 쉽습니다.

남자들이 감정을 닫아버릴 때는 세 가지 심리적 방어 기술을 사용합
니다. 회피하기, 구획화하기compartmentalization, 부정하기입니다. 당신이
지레 포기하는 아들의 부모라면 회피하기에 관해서는 잘 알고 있을 겁
니다. 불안해질 만한 일이 생길 때마다 아들은 회피하기를 마법 지팡
이처럼 사용할 테니까요. 회피하기를 사용하면 모든 일이 평온해집니
다. 역사 보고서를 쓸 필요도 없고 불안을 느낄 필요도 없습니다. 불안
은 그 자체로는 감정이 아닙니다. 그저 곧 위험이 닥치리라는 신호입

니다. 지레 포기하는 아이들에게 닥칠 위험은 실패할 수 있다는 것입니다.

미루기는 회피하기의 또 다른 이름입니다. 미루기를 택하는 아들이 피노키오라면 코가 아주 길어졌을 것입니다. 회피하기는 "5분 안에 할 거야." 같은 거짓말을 자신에게 끊임없이 하는 방어 전략이니까요. 게다가 아들은 당신에게도 "나중에 쓰레기통을 비울 거야."라는 말을 반복할 것입니다.

구획화하기는 직장이나 학교 같은 곳에서 제대로 기능하기 위해 어려운 상황에서 느껴지는 감정을 격리하는 방법입니다. 이 위기 대처 전략은 '몸이 멀어지면 마음도 멀어진다.'라는 문장으로 정리할 수 있습니다. 어려운 상황에서 생긴 감정을 모두 한데 싸서 1월이면 창고에 보관하는 크리스마스 장식품처럼 멀리 치워버리는 것입니다. 암 환자인 한 내담자는 "머릿속으로 상자를 여러 개 떠올리고 거기에 모두 담아놓고 봉해버려요. 치료를 할 때면 열어야 하지만 치료를 받을 때도 열지 않을 때가 있어요."라고 했습니다.

이런 감정들을 밀어내기만 하면 위험할 수 있습니다. 부정이라고 정의할 수 있는 감정 상태가 되기 때문입니다. 부정은 역사를 다시 씁니다. "그런 말 절대로 안 했어."라거나 "내 성적은 완전히 괜찮거든."과 같은 말로 자기 상황을 부정하는데, 부정은 심각한 결과를 낳을 때가 많습니다.

하지만 남자아이들이 걸치고 있는 슈퍼히어로의 망토, 헬멧, 어깨 패드 밑에는 감정이 있습니다. 남자아이들도 상처를 받을 수 있습니다. 남자아이들이 드러내는 거친 모습과 무관심은 사실 상처받기 쉽다는 사실을 숨기려고 세심하게 덮어쓴 가면입니다. 10대 남자아이들도 애정에 굶주려 있으며 사랑받고 인정받고 싶어 합니다. 하지만 이 아이들은 자기 감정을 표현할 언어 능력을 갖추고 있지 않으며 자기 마음을 이해할 수 있는 통찰력도 없습니다.

많은 남자들이 견딜 수 있는 친밀감은 성관계뿐일 때가 많습니다. 이들은 오직 침실에서만 성욕을 만족시키고 싶다는 핑계를 대면서 약함과 의존성을 드러냅니다. 남자가 "나에게는 채우고 싶은 욕구가 있어."라고 말할 때 자신이 염두에 두는 것은 특정 신체 기관이지 다른 곳(마음)이라는 생각은 하지 않습니다. 빠른 속도로 서로 즐기고 헤어지는 현대인들은 감정적 친밀함은 느낄 필요가 없는 무심한 사랑을 하기도 합니다. 당신의 아들이 보고 있는 포르노그래피는 이런 식의 섹스 문화를 부추깁니다. 나는 많은 남자아이들이 사랑이 배제된 섹스를 하면서 혼란을 느끼는 모습을 많이 봅니다. 이 아이들은 자신이 어떻게 해야 할지, 어떤 느낌을 갖는 것이 맞는지 정확히 알지도 못하면서 (어쩌면 특별한 관계를 맺지 못할지도 모른다는 두려움을 느끼면서) 여자아이를 '유령처럼' 대합니다. 그리고 그 여자아이에게 더는 말을 걸지 않은 채 다른 여자아이를 향해 떠나버립니다.

가면의 뒤편

살아남으려고 애쓰는 남자들은 《진짜 소년들Real Boys》의 저자 윌리엄 폴록William Pollock이 말한 '허세라는 가면'을 쓰고 있습니다. 이 가면을 쓰면 남자아이들과 성인 남자들은 진정한 자신의 모습을 숨기고 "사회에서 남자들은 느끼면 안 된다고 압박하는 감정들을 모두 차단할 수" 있습니다. 또한 남자들에게는 가장 복잡한 감정 가운데 하나인 수치심도 이 가면을 쓰면 숨길 수 있습니다.

수치심을 다룰 때면 나는 브레네 브라운Brené Brown 박사의 연구를 살펴봅니다. 브라운 박사가 생소하다면 그의 TED 강의 '수치심에 귀 기울이기Listening to Shame'와 '상처받음의 힘The Power of Vulnerability'을 들어봅시다. 브라운 박사는 수치심과 죄의식이 어떻게 다른지를 설명합니다. 죄의식은 자기가 무언가를 잘못했다는 느낌입니다. 그에 반해 수치심은 자기 존재 자체가 잘못되었다는 느낌입니다. 자신이 다른 사람이 거부할 수밖에 없는 생각이나 행동을 했기 때문에, 사람들이 자신과 친하게 지낼 생각을 하지 않는다고 믿는 감정입니다. 헤스터 프린이 주홍글씨를 가슴에 달아야 했을 때 사람들 앞에서 느꼈던 감정이 수치심입니다. 유대 성서 〈레위기〉에서 신은 이 난해한 감정을 해소하기 위해 희생양을 주었습니다. 유대인들은 해마다 희생양에게 자신의 모든 수치심을 떠넘기고는 양을 광야로 추방했습니다.

브라운 박사의 연구에 따르면 남자와 여자가 수치심을 느끼는 이유는 서로 다릅니다. 남자는 남성성에 타격을 당했을 때 수치심을 느낍니다. 10대 남자아이들을 쓰러뜨리는 요인은 아주 많습니다. 향수병에 걸렸거나 괴롭힘을 당할 때, 두드려 맞았을 때, 포기할 때, 두려워할 때, 실패했을 때, 연인과 헤어졌을 때 그들은 수치심을 느낍니다.

그와 달리 여자들은 다른 사람들을 실망시켰을 때 수치심을 느낍니다. 그들은 모든 사람에게 자신을 맞춰야 하고 모든 사람의 요구를 들어주어야 하며, 〈보그〉 같은 표지에서 걸어 나온 모델처럼 보이는 훈련을 받습니다. 여자는 돌보는 사람이라는 사회적인 인식이 있기 때문에 여자들은 어머니라는 역할을 어떻게 수행하냐에 따라서도 수치심을 많이 느낄 수 있습니다. 어머니는 아이가 행복할 때 가장 큰 자부심을 느낍니다. 물론 아버지도 아이가 행복할 수 있도록 어머니만큼 투자합니다. 하지만 아버지가 자부심을 느끼려면 무엇보다도 자기가 하는 일에서 성공해야 합니다. 어떤 경우든지 자기 자부심을 육아에만 의존하는 경우에는 지레 포기하는 아들과 충돌할 수밖에 없습니다.

수치심이 갇혀 있는 밀실

이런 식으로 감정을 살피면 당신과 아들이 벌이는 싸움을 전혀 다른 시각으로 바라볼 수 있습니다. 선명하게 볼수록 효과적으로 아이를 기르고 문제를 해결할 수 있습니다. 당신은 아들이 의욕 없는 것을 자신의 문제로 받아들입니다. 아이의 문제를 해결하는 것이 당신의 역할이라고 생각합니다. 하지만 아들은 지금 당신에게서 분리되어 자신만의 정체성을 찾으려고 노력하는 중입니다. 계속해서 당신에게 의존하려는 마음을 숨기려고 애쓰기 때문에 그의 마음은 양가감정으로 가득 찰 수밖에 없습니다. 따라서 당신이 아들에게 숙제를 하라고 잔소리를 하면 아들은 자신에게 여전히 당신이 필요하다는 사실을 떠올립니다. 그가 아직 학교 과제를 혼자서 할 수 없다는 사실 말입니다. 그 사실 때문에 아들은 무안해집니다.

아들이 하루아침에 학교생활에 어려움을 느끼는 것은 아니라는 사실이 상황을 더욱 복잡하게 만듭니다. 부모의 도움이 필요한 어린아이였을 때, 아들은 당신을 영웅이라고 여겼을 것입니다. 힘든 하루가 끝날 무렵이면 당신은 부모로서 자식을 도와주었고, 당신의 도움 덕분에 아들이 무사히 학교생활을 할 수 있었다는 사실에 아주 뿌듯했을 것입니다.

다시 현재로 돌아옵시다. 아들의 실패는 당신의 수치가 되었습니다. 그래서 당신은 아들을 구해야 한다는 임무를 계속해야 합니다. 이번에는 아들이 어렸을 때보다 훨씬 센 강도로 노력해야 합니다. 하지만 그는 스스로 할 능력이 없다는 사실에 깊은 수치심을 느끼고 있으면서도 당신이 도와주기를 바라지 않습니다. 부모의 도움을 받는다는 것은 부모가 없으면 성공할 수 없다는 굴욕적인 메시지를 계속해서 받는다는 뜻이기 때문입니다.

이런 감정을 느끼고 싶지 않은 아들은 감정을 닫아버리거나 힘을 얻기 위해 당신에게 적개심을 보이고 공격을 합니다. 부모는 좋은 의도로 하는 일을 아들이 거절할 때마다 기분이 나빠집니다. 결국 두 사람 모두 깨닫지 못하는 사이에 수치심이라는 그물에 갇히고 맙니다.

얼마 전에 코디라는 젊은이가 수치심 속에서 성장하는 일이 어떤 기분인지를 말해주었습니다. 이제 스물세 살이 된 코디는 10대 때 난독증 때문에 고생을 했습니다. 그는 자신에게 난독증이 있다는 사실을 누구에게도 알리고 싶지 않았다면서 다음과 같이 말했습니다.

"10대 때는 내가 난독증이라는 사실을 누구에게도 알리고 싶지 않았어요. 너무 수치스러웠거든요. 정말 힘든 시간이었어요. 나 때문에 엄마가 슬퍼한다는 사실에 기분도 좋지 않았고요. 엄마는 그저 나를 도우려던 것뿐이었어요. 하지만 나는 그 노력에 맞춰줄 생각이 없었어요. 나는 다른 애들이랑 똑같아지기를 원했거든요. 글을 읽을 때 엄마한테 도움을 받는다는 사실을 다른 아이들이 안다면, 그건 사형 선고와 마찬가지라고 생각했어요. 그래서 괜히 대범한 척하면서 무엇이든지 열심히 하지 않았어요. 하지만 이제 알아요. 내가 동경했던 아이들도 저마다 말하지 못하는 어려움이 있었다는 걸요. 하지만 그때는 '야, 이 보고서 쓰는 데 한 시간밖에 안 걸렸어. 그래도 A네.'라는 말을 믿었어요. 그저 운동만 열심히 하고 내가 정말로 불안해하는 부분은 다른 사람이 알지 못하도록 최선을 다해 숨겼어요."

다른 지레 포기하는 아이들처럼 코디도 남자답다는 평가를 받으려고 스스로 부적절하다고 생각하는 감정은 숨겨야 했습니다. 코디 같은 남자아이들에게는 다음에 살펴볼 세 가지가 중요합니다. 능력, 통제, 타인과 관계를 맺는 것 말입니다. 이 세 가지 특성은 남성성과 관련이 있습니다. 스스로 해야겠다는 의욕은 자신에게 능력이 있고 통제할 힘이 있으며 다른 사람과 관계를 맺고 있다는 느낌이 들 때에만 생겨납니다.

- 능력: 남자아이들은 자기 능력으로는 되지 않겠다 싶은 일은 어떤 방법을 써서라도 피하려 하기 때문에 학교에서 겪는 어려움을 남성다움을 위협하는 위험으로 봅니다. 코디가 지적했듯이 멋진 아이들은 학교생활을 쉽게 하는 것처럼 보입니다. 축구를 하면서 땀을 흘리는 것은 괜찮지만 보고서를 쓰면서 끙끙댈 수는 없습니다. 쉽게 따분해지고 읽는 속도도 느리고 꼼꼼하지도 않은 남자아이들은 학교에서는 도저히 자신을 제대로 통제할 수 없다는 생각을 합니다. 그들은 학교생활이 중요하지 않다는 식으로 자기 행동

을 합리화하면서 교내 활동에 제대로 참여하지 않고 의욕을 발휘할 생각도 하지 않습니다. 확신에 차 있고 능력이 있는 남자로서의 자부심을 갖는 대신에 자기가 규정한 등급에 만족하고 타협하려고 합니다.

- **통제:** 당신의 아들은 자신이 배를 모는 선장이라고 생각할 것입니다. 그러니 아들에게 의욕을 불어넣으려고 애쓰는 당신의 노력을 자신의 지휘 체계를 흔들려는 위협으로 느낄 수밖에 없습니다. 아들은 당신에 맞서 싸우려고 할 테고, 결국 두 사람은 권력 투쟁을 할 수밖에 없습니다. 스스로 공부를 하고 과제를 완성하고 좋은 성적을 낼 능력을 통제할 수 없다면, 그는 모든 일을 시작도 하지 않는 편을 택합니다. 학습 장애가 있거나 주의력결핍과잉행동장애를 앓고 있는 아이, 집행 기능이 약한 아이는 학교에서 스스로를 통제하지 못한다고 느낍니다. 하지만 그런 아이도 학교생활에 신경을 쓸 것인지 말 것인지는 스스로 결정할 수 있습니다.

- **관계:** 10대 아이들은 고치를 벗고 있는 애벌레와 같습니다. 아주 사랑스러운 비유 같지만, 이 비유에는 반전이 있습니다. 아이들의 고치는 바로 부모라는 점입니다. 아들은 한참 부모와 분리되는 중이며 당신과의 관계를 끊으려 합니다. 10대 아이들과 부모가 계속 친밀한 사이로 남는 일은 지레 포기하는 아이가 아니더라도 아주 힘든 일입니다.

'가짜 남자다움'에서
자유로워지려면

이제는 우리 문화가 단호하게 주장하는 남성다움의 정의를 바꿀 때가 되었습니다. 자신이 불확실하고 상처 입기 쉬우며 무서움이 많은 사람임을 인정하려면 누구나 엄청난 용기를 내야 합니다. 남자의 경우에는 특히 더 많은 용기가 필요합니다. 칼 사피나Carl Safina는 이런 중요한 패러다임 전환을 잘 설명합니다. 환경보호론자이자 현장 생태학자인 칼 사피나가 〈뉴욕 타임스〉에 기고한 특집 기사 '내면의 늑대 깨우기Tapping Your Inner Wolf'는 내 눈길을 끌었습니다. 우두머리 늑대에 관한 통념을 흔들었기 때문입니다. 사피나는 옐로스톤 국립공원의 릭 매킨타이어Rick McIntyre가 수년 동안 쫓아다닌 슈퍼 늑대 21에 관한 이야기를 했습니다. 매킨타이어는 성인이 된 후로 대부분의 시간을 늑대와 함께 보냈습니다. 늑대 21에게 '슈퍼 늑대'라는 별명이 붙은 이유는 가족을 보호하는 싸움에서 한 번도 진 적이 없어서입니다. 이 늑대는 맹렬하게 가족을 보호했습니다. 하지만 가족들만 있을 때는 '무리를 이끄는' 잔혹한 지도자와는 거리가 멀었습니다. 매킨타이어는 늑대 21이 조용하고 확신에 찬 리더십으로 늘 솔선수범했고 어떤 일이 가족을 가장 위하는 길임을 알았으며 조용히 무리 전체에 영향을 줬다고 말합니다. 온화한 아버지인 늑대 21은 어린 새끼와 한데 뒹굴면서 놀았으며, 가짜 사냥 놀이에서는 늘 새끼에게 져주었습니다.

사피나와 매킨타이어는 진짜 우두머리 수컷은 공격적이지 않다고 말합니다. 그럴 필요가 없기 때문입니다. 우두머리 수컷은 자신이 증명해야 하는 것은 이미 증명했기 때문에 감정적으로도 안정되어 있습니다. 다시 말해서 자신의 남성성을 방어할 이유가 없는 것입니다. 인간 세계에서도 남성다움을 입증하는 방법은 한 가지가 아닙니다.

앞서 남자들이 남성다움을 어떻게 생각하는지 다뤘습니다. 이제, 그들과는 다른 목소리를 들어봅시다. 이들이 생각하는 남성다움은 진짜 우두머리 늑대가 갖는 특성과 완전히 일치합니다.

"내 모습을 편하게 생각하고 자신을 편하게 인정하는 거요. 그게 내가 생각하는 남성다움이에요. 자신이 고통을 느끼고 있음을 드러내 보이는 걸 두려워하지 않는 남자가 내가 생각하는 남성다운 사람이에요."

— 노아(대학교 하키 선수)

"내가 정의하는 남성다움이요? 나는 그게 발전하는 게 아닌가 싶어요. 자라면서 이런 이야기들을 들었습니다. '넌 아주 크고 힘이 세져야 해. 울면 안 돼. 무슨 일을 하든지 선두에 서야지.' 하지만 그런 규정은 남자에게만 들어맞는 건 아니에요. 그건 여자들에게도 할 수 있는 말이잖아요. 나는 남자다움의 정의를 바꾸고 싶어요. 힘센 근육을 갖는

게 남자다움은 아니에요. 남자다움은 어려운 상황에 대처할 수 있는 능력을 기르고 기꺼이 실패할 수 있는 거라고 생각합니다."

— 차이(교사, 코치)

남자에게 가짜 남자다움에 순응하라고 요구하는 일은 이제 없어져야 합니다. 남자아이들을 '여성화해야 한다'는 의미가 아닙니다. 그들에게 과장되고 전형적인 이상형을 강요하지 말아야 한다는 뜻입니다. 본연의 모습을 버리고 남자다움을 강요하는 편협한 시각에서 벗어나야 한다는 뜻입니다.

새롭게 만들어야 할 남성다움의 정의는 다른 사람을 지배해야 하며 육체적 공격성을 길러야 함이 아닙니다. 도덕적 용기, 자기 통제 같은 덕목을 기르는 것입니다. 우리는 우두머리 늑대의 플레이북(미식축구에서 팀의 공격과 수비 전반에 관한 작전을 도표와 함께 기록한 책—옮긴이)에서 한 페이지를 가져와 격렬하고 경쟁적인 남성이 될 수 있게 하면서도 남성다움이라는 개념 안에 부드러움과 동정심, 협동심 같은 자질을 버무려 넣어야 합니다.

남자들은 다른 사람에게 의지하면서도 스스로 우뚝 서야 합니다. 강하면서도 약해야 합니다. 이제 우리 사회는 동성애자, 양성애자, 트랜스젠더 시민까지 포용하고 있으니 이성애자 남성은 위기의식을 느낄 이유도 없고 더 많은 것을 입증해야 한다는 압박도 받을 이유가 없습니다.

약함을 드러내는 것은 용기 있는 일이다

킨들런과 톰슨은 패러다임 전환이 완성되면 큰 이득이 생긴다고 말합니다. 그들은 "남자아이들의 감성적 인지 능력과 공감 능력이 강화되면 다른 사람에게 상처를 주는 일도 줄어들고 잔혹한 압력을 받았을 때 훨씬 수월하게 회복할 수 있을 것이다."라고 분석합니다. 아버지는 아들을 '여자처럼' 만들지도 모른다는 두려움을 버리고 감정을 솔직하게 표현하고 다른 사람에게 공감할 수 있음을 보여주어야 합니다. 어머니도 아들에게 어떤 남자로 자라길 바라는지 솔직하게 이야기해야 합니다. 그래야만 그는 적절한 균형을 유지해 독립적인 인간으로 자라면서도 부모와 밀접한 관계를 유지할 수 있습니다.

아버지가 생각해볼 문제

· 자신이 생각하는 남성다움을 정의해봅시다.

· 당신의 아버지는 당신에게 어떤 메시지를 전달해주었나요? 당신은 아버지와 어떤 관계를 맺었나요?

· 당신은 감정을 어떻게 다루며, 좌절을 느낄 때는 어떻게 합니까?

· 마지막으로 두려움을 느꼈던 때는 언제입니까? 두려움을 느낀다는 사실을 다른 사람에게 말했습니까?

· 당신이 저지른 실수와 그 실수를 수습한 방법을 아들에게 말해준 적이 있습니까?

· 아들에게 당신에 관해 이야기하고 당신이 누구인지를 알 기회를 주고 있습니까? 아이를 가르치려고 하지 않고 있습니까? 아들에게 가면을 벗는 방법을 알려주고 있습니까?

- 아들과 다양한 감정을 교류하고 있으며 다양한 감정에 관해 대화를 나누고 있습니까? 아니면 그저 충고를 하고 가르칠 뿐인가요?
- 지금도 아들을 안아주고 사랑한다고 말해줍니까?

어머니가 생각해볼 문제

- 아들이 독립심을 기를 수 있게 도와주고 있나요? 아이를 쫓아다니며 왕자처럼 떠받들고 있지는 않나요?
- 아이가 직접 해야 한다는 사실을 일깨워주나요, 아니면 '엄마가 해줄까?'라는 말을 입에 달고 사나요?
- 남자가 될 수 있는 기회를 충분히 주고 있나요?
- 아들에게 여자를 대하는 방법을 알려주시나요? 감정에 관해서도 대화하나요?
- 당신 곁의 남자들(당신의 아버지, 남편, 아들)이 아주 약하다는 사실을, 심지어 실패할 수도 있다는 사실을 받아들일 준비가 되어 있나요?

부모가 생각해볼 문제

- 아들이 자기 행동에 책임을 지게 하나요, 아니면 '남자애들이 다 그렇지'라는 생각으로 아들이 책임지지 않고 그 상황을 모면하게 해주나요?
- 지나치게 길게 말을 하거나 잔소리를 하지 않고 아들이 마음을 열고 이야기할 수 있도록 그의 말에 귀를 기울여주나요? 그가 말을 할 때면 충분히 그의 감정을 인정하고, 그의 견해를 존중해주나요?
- 결국은 아들이 해결 방법을 찾아내리라는 믿음이 있나요? 지금은 절대로 불가능해 보이지만 결국 아들은 이 세상에서 자기 자리를 찾고 자신감 넘치는 남자가 되리라고 믿고 있습니까?

아들의 수치심을
자극하지 마라

이 책은 처음부터 끝까지 아이들에게 스스로 할 수 있는 공간을 주면서도 적절한 한계를 정해주는 균형을 찾는 문제에 집중합니다. 이런 균형을 찾으면서도 아들이 원한다면 남자다움을 길러줄 수 있어야 합니다.

스스로 할 수 있게 돕고 싶다면 고려해야 할 것들

• 아들의 포기를 당신 일로 받아들이면 안 됩니다. 아들의 학업 성취도를 부모로서의 성공 기준으로 삼으면 안 됩니다. 10대 남자아이가 해낸 일을 부모의 자부심을 느끼는 근거로 삼는 것은 부모와 아이 모두에게 도움이 되지 않습니다. 아이가 성적이 좋아도 기뻐하면 안 된다는 말이 아닙니다. 아이가 당장 눈에 띄는 결과를 내지 못한다고 해서 자책할 이유는 없다는 뜻입니다. 앞에서 살펴보았듯이 지금까지 당신은 할 수 있는 모든 일을 해왔습니다. 이제는 한 발 물러설 때입니다. 물론 여전히 당신의 아들에게 한계를 정해주

어야 하고 자기가 한 일에 책임을 질 수 있게 가르쳐야 합니다.

- 지레 포기하는 일을 아들의 인격 문제로 만들면 안 됩니다. 그에게 게으르다고 말하는 것은 그의 수치심만 키웁니다. 미래를 조금도 신경 쓰지 않는다거나 잠재력을 제대로 발휘하지 않는다고 비난하는 일도 마찬가지입니다. 의도했건 의도하지 않았건 간에 아들의 인격을 공격하는 말은 그에게는 자신이 부모의 사랑을 받을 가치가 없다는 뜻으로 받아들여집니다. 계획을 제대로 세우지 않는다거나 시험 공부를 제대로 하지 않는 등의 아이 행동에 집중해야 합니다.

- 아들에게 아주 똑똑하다는 말은 하지 말아야 합니다. 그런 메시지는 위험합니다. 1장에서 살펴본 것처럼 아들의 성과를 측정하고 평가하면 당신의 사랑에는 조건이 있다는 인상을 심어줍니다. 부모가 그런 태도를 취하면 아이는 수치심을 느낀다는 사실을 명심해야 합니다.

- 성적이 나쁘다고 나무라거나 이전에 실패한 일을 거듭해서 언급하면 안 됩니다. 당신은 좌절하겠지만, 이런 식으로 아들을 나무라면 결국 그는 수치심을 느끼고 마음을 닫아버립니다. 문제를 인정하는 일과 아들에게 끔찍한 감정을 느끼게 만드는 일에는 큰 차이가 있습니다.

- 잔소리를 하면 안 됩니다. 아들에게 끊임없이 질문을 해대고 괴롭히고 싶다는 마음은 꾹 참아야 합니다. 잔소리는 아들에게 무기력함을 느끼게 해 오히려 역효과를 낳습니다. 데버라 태넌은 여자들이 잔소리를 하는 이유가 근본적으로는 애타심과 관계가 있다고 말

당신의 아들은 게으르지 않다

합니다. 일반적으로 여성들의 자부심과 지위는 인간관계에 기반을 두고 있습니다. 그렇기 때문에 그들은 보통 '남편이 나에게 무슨 일을 해달라고 부탁하면 나는 분명히 들어줄 거야. 그러니까 남편도 내 요구를 들어주어야 해.'라고 생각합니다. 남편에게 그가 할 일을 상기시켜주면 분명히 그 일을 할 것이라고 믿습니다. 하지만 남자들은 다른 사람이 이래라저래라 하는 소리를 싫어합니다. 그런 소리를 들으면 자신의 책임과 권한을 존중하지 않는다는 생각에 남자로서 자존심이 상합니다.

- **잔소리보다는 지도를 해주어야 합니다.** 아들에게 "너는 학교 일은 조금도 신경 쓰지 않는구나."라고 말하는 대신에 "결국에는 학교에서 어떻게 해야 하는지 알게 될 거야."라고 말해야 합니다. 두 표현 모두 같은 마음을 아들에게 전달합니다. 단지 두 번째 표현은 비난을 재구성함으로써 아들에게 스스로 문제를 풀 능력이 있다고 믿는다는 마음을 전달할 수 있습니다. 또한 결국 시간이 흐르면 아들이 더 많은 통제력을 갖게 되고 더 많은 능력이 있음을 알게 되리라는 내용도 함께 전달할 수 있습니다.

- **단어를 신중하게 선택해야 합니다.** 태넌은 여자들은 우호적인 관계를 중요하게 생각하기 때문에 상대방을 생각하고 있음을 알려주는 대화를 한다는 사실을 알아냈습니다. 여자들은 상대방에게 용기를 주는 말을 하거나 상대방의 감정을 궁금해하는 질문을 합니다. 하지만 남자들은 그런 대화를 싫어합니다. 일반적으로 말을 많이 하면 지레 포기하는 아들은 귀를 닫아버립니다. 당신이 하는 이야기가 문제를 푸는 방법에 대한 '아버지로서의 조언'이건 '어머

니로서의 걱정'이건 간에 아들은 남자로서의 자존심에 도전을 받는다고 느낍니다. 당신이 하는 모든 말을 아들이 귀담아들을 필요가 있다고 해도 너무 많은 조언은 당신이 아들의 '우위에 있음'을 상기시켜줄 뿐입니다. 그래서 아들은 지레 포기함으로써 자기 힘을 표현합니다.

- 아들이 말하고자 할 때는 아주 신중하게 귀 기울여주세요. 성심성의껏 듣는 방법에 관해서는 성별에 따른 차이를 연구한 논문에서도 다룬 바 있습니다.

윌리엄 폴록은 남자아이들은 자신의 '감정 일정' 대로 말한다고 했습니다. "오늘 하루는 어땠니?"라고 물어보면 아마도 "괜찮았어." 라는 대답 밖에는 듣지 못할 수도 있습니다. 하지만 시간이 지난 뒤에는 진짜 마음을 이야기할 준비가 될 수도 있습니다. 아들은 당신이 자려고 할 때 오늘 있었던 일을 이야기를 하겠다며 입을 열 수도 있습니다. 10대와 함께 사는 사람들은 그 아이가 주는 대로 받을 수밖에 없습니다. 여기서도 적을수록 더 낫다는 원칙이 적용됩니다. 아들과 이야기할 때는 잘게 나누어진 긴 대화를 하고 있다고 생각해야 합니다.

한편 '침묵의 대화'를 할 수 있어야 합니다. 남자들이 마침내 마음을 열고 입을 열 때 상대방에게 바라는 것은 단 한 가지입니다. 자기 말을 들어주었으면 하는 것입니다. 조언은 필요 없습니다. 당신이 어린 시절을 어떻게 잘 보냈는지 듣고 싶지 않습니다. 그저 자기가 힘든 상황을 헤쳐 나가고 있음을 당신이 이해해주고 자신에게 신경 쓰고 있음을 알고 싶을 뿐입니다. 아들이 마음을 열고 약한 모습을 드러낼 때 아들에게 수치심을 느끼게 하고 싶은 부모는 없을 것입니다.

• 도움을 구하는 기술을 가르쳐주세요. 도움을 구하는 것도 살아가는 데 필요한 기술임을 가르쳐야 합니다. 당신이 하는 일이나 살아가는 인생에서 당신을 도와주었던 사람에 관해 이야기해주세요. 다른 사람의 도움을 받을 수 있는 방법은 도움을 받기 전에 그 사람과 좋은 관계를 맺는 일임을 설명해주세요. 이미 확고한 인간관계를 맺고 있는 사람이라면 필요할 때 도움을 주고 솔직하게 자기 의견을 말해줄 가능성이 높습니다.

• 아들에게 도움이 필요하다면 도움을 줄 수 있는 남자 어른을 찾아주세요. 어쩌면 전문 학습 지도사나 가정교사보다 가까운 지역 대학교에 다니는 학생이 집으로 방문해 아들의 공부를 도와주는 게 효과적일 수 있습니다. 남자 대학생과는 심리적 거리가 가깝기 때문에 아들은 마음을 열고 그의 지도에 따를 수도 있습니다. 나도 이런 프로그램을 내담을 할 때 진행한 경험이 있습니다. 학교가 끝난 뒤에 젊은 남자 선생님의 지도를 받으면서 숙제를 하는 프로그램이었습니다. 그의 주요 역할은 아이들과 허심탄회한 관계를 맺으면서 그들이 학업에 집중할 수 있게 해주는 것입니다.

• 학교생활과 관계가 없더라도 아들이 다른 분야에 소질을 보이면 도움을 주어야 합니다. 컴퓨터만 쳐다보고 있는 시간은 제한할 필요가 있겠지만 비디오 게임을 사랑하는 아들의 마음을 하찮게 여기면 안됩니다. 어쩌면 비디오 게임은 아들이 유일하게 자신이 능력이 있음을 느끼는 분야일 수도 있습니다. 아들이 흥미를 보이는 일을

할 수 있도록 격려해주세요. 그 일이 아들 친구들 사이에서 인정받는 일은 아닐 수도 있습니다. 하지만 그에게는 자기도 능력이 있는 사람임을 자각할 기회가 될 수도 있습니다. 아들이 해낼 수 있는 일을 맡겨주세요. 잔디를 깎는다거나 식료품을 포장하는 일을 하게 해주는 것도 고등학교 아이들에게 독립심과 성취감을 느끼게 할 좋은 기회입니다. 한 가지 알려드릴 것이 있습니다. 대학 입학사정관은 멋진 인턴 경험이나 코스타리카 패키지여행 경험에 같은 점수를 줄 수도 있습니다. 경쟁이 심한 정형외과 레지던트 선발 담당자 한 분은 언젠가 나에게 가장 뛰어난 레지던트는 고등학교나 대학교 때 운동을 했거나 일을 해본 사람이라고 했습니다.

6장

왜 남자아이는 여자아이에 비해
학교생활을 어려워할까?

남자아이의 뇌는
여자아이와 많이 다를까?

차이 레디는 호놀룰루의 유명한 푸나호우 고등학교에서 근무합니다. 푸나호우 고등학교 국제 센터에서 학생 선발 업무와 미식축구 감독을 하고 있는 차이는 인도 이민자의 아들로 오클라호마주에서 자랐고 고등학교 때는 미식축구를 했습니다. 서양고전학으로 석사학위를 받은 차이는 역사와 과학, 수학을 가르칩니다.

푸나호우고등학교에서 조금만 올라가면 루스벨트고등학교가 있습니다. 하와이 원주민인 카에오 바스콘첼로스는 루스벨트고등학교에서 근무하는 뛰어난 선생님입니다. 2012년에는 호놀룰루시에서 '그 해의 교사'로 뽑히기도 한 카에오는 사회과목을 가르치며 미식축구팀 감독이기도 합니다.

차이도 카에오도 남자아이들과 학교와 관련해 심각한 이야기를 들려주었습니다. 카에오의 경우, 고등학교를 중퇴하는 남자아이들이 너무 많다는 사실이 걱정스러워 대학원으로 돌아가 그 문제를 연구했고, 〈남성성에 관한 하와이 청소년 남자아이들의 생각〉이라는 논문으로 박사 학위까지 받았습니다.

차이는 푸나호우 고등학교처럼 특권층 학생들이 입학하는 학교에서도 남자아이들은 힘들어한다고 말합니다. 차이는 가르치는 과목은 문제가 되지 않는다면서 다음과 같이 말합니다. "여자아이들보다는 남자아이들이 힘들어하는 경우가 늘어나고 있습니다. 남자아이들은 전두엽이 제대로 발달하지 않았습니다. 문제를 겪는 건 여자아이들이 아니라 남자아이들이죠." 신입생 선발 담당자이기도 한 그는 남자아이보다는 여자아이의 입학이 훨씬 유리하다는 사실을 깨달았습니다. 여자아이들은 남자아이들보다 성적도 좋았고 면접 때도 더욱 똑똑하게 말했고, 더 창의적으로 생각했습니다.

카에오는 자신이 가르치는 남자아이들이 왜 '학교생활에는 무심한 것처럼' 행동하는지 잘 압니다. "'여자 같은 놈'이라는 말을 듣는데, 배우는 게 무슨 소용이 있겠습니까? 여자아이들이 '저 남자애는 아주 똑똑해서 멋지더라.' 같은 말은 하지 않습니다. 중요한 건 복근이에요. 근육이죠." 카에오는 시중에는 남자아이를 이야기하는 흥미로운 문학이 거의 없으니 남자아이들이 독서를 싫어하는 것도 당연하다고 생각합니다.

10대 남자아이들은 자신의 남자다움을 교실이 아니라 운동장에서, 탈의실에서 입증합니다. 학교생활을 잘하는 것은 여자애들이나 모범생에게나 중요한 일입니다. 실제로 학업 성적이 우수한 남자아이를 다른 남자아이들이 깔보는 경향이 있습니다. 좋은 성적을 내는 남학생이 멋지다는 평가를 받는 경우는 노력을 전혀 하지 않았는데도 높은 성적은 받을 때뿐입니다. 남자 친구들에게 인기가 많은 남자아이가 높은 시험 성적을 받으면 그는 늘 "공부는 거의 하지 않았어."라고 말합니다. 열심히 공부를 한 경우에도 말입니다. 학교에서 좋은 성적을 받으면서도 겉으로는 전혀 하지 않은 척하는 기술을 익힌 남자아이도 있습니다. 하지만 지레 포기하는 아이는 다릅니다. 지레 포기하는 아이는 정말로 노력을 하지 않습니다.

차이와 카에오가 걱정하는 데는 충분히 이유가 있습니다. 《남자아이들을 향한 전쟁*The War Against Boys*》, 《알파걸들에게 주눅 든 내 아들을 지켜라*Boys Adrift*》, 《남자아이들의 문제*The Trouble with Boys*》 같은 책들은 "남자아이들이 겪고 있는 위기"라고 부르는 상황을 충분히 증언하고 있습니다.

6개월에 한 번씩 미국 학생들의 학업 향상 동향을 조사하고 그 결과를 발표하는 미국 교육부는 학업에 관한 성별 차이가 점점 더 커지고 있다고 발표했습니다. 아주 몇몇 예외가 아니라면 교육부가 보고서를 처음 발표한 1971년부터 여자아이들은 수학과 영어 과목에서 남자아이들을 계속해서 앞서고 있습니다. 얼마 전에 100만 명이 넘는 표본을 대상으로 진행한 370건에 달하는 연구를 분석한 결과대로라면 과학을 포함한 모든 과목에서 여자아이들이 남자아이들보다 좋은 성적을 거두었습니다. 이런 상황은 전 세계적으로 동일합니다.

남자아이들과 비교해 여자아이들은 여러 부분에서 차이가 있습니다.

- 학과 성적과 관계가 없는 활동(학생회, 우등생 클럽, 학보 제작, 토론 모임 등)에 더 많이 참여합니다.
- 과제에 투자하는 시간이 더 깁니다.
- 고등학교를 졸업하는 비율이 더 높습니다.

여자아이들과 비교하면 남자아이들은 다음과 같은 점이 다릅니다.

- 20세가 되기 전에 사고로 죽을 확률이 더 높습니다.
- 정신 질환, 감정 장애, 학습 장애, 행동 장애라는 진단을 받는 아이들이 더 많습니다.
- 자살률이 더 높습니다.
- 초등학교에서 유급을 더 많이 합니다.
- 정학, 퇴학, 자퇴하는 아이들이 더 많습니다.

정신이 번쩍 드는 통계 자료이지만, 이런 통계 자료만으로 남자아이들이 위기에 빠졌다는 결론을 내릴 수 있을까요? 휘트마이어 같은 연구자들은 틀린 관점으로 상황을 보고 있는지도 모릅니다. 우리는 남자아이들이 하락하고 있는 것이 아니라 여자아이들에게 긍정적인 변화가 일어나고 있는 세상에서 살고 있는지도 모릅니다. 학업에서 성별 차이가 난다는 것은 전혀 새로운 일이 아닙니다. 100년 전쯤 의무교육이 시행되면서 여자아이들은 계속해서 남자아이들보다 잘하고 있습니다. 더구나 여자아이들이 대학교에 더 많이 가는 이유는 그 아이들이 박사학위를 원하기 때문입니다. 여자아이들이 더 많은 기회를 원하니 남자아이들은 더 많이 경쟁해야 하는 것이 당연합니다.

하지만 그렇다고 하더라도 의문은 남습니다. 남자아이들은 학업 성적이 나빠도 너무 나쁩니다. 왜일까요? 남자아이들의 전반적인 학업 성적 저조와 지레 포기하는 아들은 어떤 관계가 있을까요? 이 문제에 답을 찾으려면 먼저 뇌를 살펴봐야 합니다. 남자아이들과 여자아이들이 배우는 방법에 어떤 차이가 있는지 들여다보아야 합니다.

사실은 비슷한 점이 훨씬 많지만

성별 차이는 아주 뜨거운 주제입니다. 페미니즘이 탄력을 받아 빠른 속도로 퍼지기 시작했던 1970년대 초반부터 성별 차이는 뜨거운 정치적 논쟁거리였습니다. 여자들은 임금의 인상 폭을 높였고 더 높은 위상을 획득했습니다. 하지만 그런 상황에 반발하는 흐름도 나타났습니다. 호프 소머스Hoff Sommers는 《남자아이들을 향한 전쟁》에서 "학교는 남자아이들에게는 가혹한 환경이다. 복종이라는 체계에 순응하라는 압력을 받고 있으니까."라고 했습니다. 간단히 말해서 호프 소머스는 학교가 남자아이들을 약하게 만들고 있다고 믿습니다. 남자아이들과 여자아이들의 뇌는 사뭇 다르기 때문에 양육 및 교육을 다른 방법으로 해야 한다고 주장하는 사람들도 있습니다.

성별 차이라는 문제는 많은 논란을 낳았습니다. 아주 사소한 발견도 재빨리 언론에 보도되고 터무니없이 과장되고 부풀어 올랐습니다. "여자아이들은 남자아이들보다 공감 능력이 뛰어나다.", "여자들이 남자들보다 동시에 여러 가지 일을 더 잘 한다." 같은 제목이 언론 매체의 기사를 채웠습니다. 예비 조사관조차도 '터무니없는 이야기'라고 일축하는 '맥락에서 벗어난 연구 결과나 조잡하게 설계된 연구 결과'를 근거로 남자아이들이 위기를 맞고 있다거나 같은 성별끼리만 모아놓고 교육을 시켜야 한다는 주장이 힘을 얻는 경우도 있습니다. 안타깝게도 이런 허황된 주장들은 남자아이와 여자아이 모두에게 해가 되는 정형

화된 남성상과 여성상을 한층 강화할 뿐입니다.

사실 남자아이의 뇌나 여자아이의 뇌는 다른 점보다는 비슷한 점이 훨씬 많습니다. 리즈 엘리엇Lise Eliot 박사는 이 점에 논란의 여지가 없다고 말합니다. 로절린드프랭클린대학교 의과학과 신경과학자인 엘리엇 박사는 《분홍 뇌, 파란 뇌Pink brain, Blue Brain》에서 다음과 같이 언급합니다. "철저하게 연구를 진행한 뒤에 내가 알아낸 점은 어린아이의 뇌가 성에 따라 다르다는 확고한 증거는 놀라울 정도로 적다는 사실이다."

남자아이들과 여자아이들의 언어 능력, 비언어적 능력, 운동 능력, 감정 능력은 모두 다른 속도로 발달하지만 완전히 성장한 후에는 똑같은 능력을 갖추게 됩니다. 하지만 엘리엇 박사는 남녀 간에는 "유전자와 호르몬이 심어놓은 작은 씨앗"에서 시작되는 아주 사소한 차이가 있다고 이야기합니다. 이 작은 씨앗은 시간이 지나면서 사회 관습, 부모의 기대, 전형적인 성 역할에 순응하고자 하는 아이의 강한 욕망 등과 결합해 훨씬 큰 차이를 만듭니다. 예를 들어 딸을 낳은 부모는 아기를 묘사할 때 훨씬 섬세하고 순하고 예쁜 표현을 사용한 반면, 아들을 낳은 부모는 자신이 튼튼한 아기를 낳았다고 묘사했다는 연구 결과도 있습니다. 더구나 여자아이에게 남자아이 옷을 입히고 그 사실을 말해주면 아이의 진짜 성별을 아는 어른보다 아이의 성별을 모르는 사람이 더 크게 화를 낸다는 연구 결과도 있습니다. 심지어 어머니들도 아이의 감정에 반응할 때는 (남자는 울면 안 되기에) 남자아이들은 괴로워할 때 무시하고 여자아이들은 화를 내면 무시하는 경향을 보였습니다.

남자아이와 여자아이는 똑같은 나이에 유치원에 들어가지만 전통적으로 유치원 아이들에게 요구되는 자질(꼼짝도 하지 말고 앉아서 선생님 말

씀을 듣기)은 여자아이에게 유리합니다. 그렇다면 이제 이런 미묘한 차
이가 남자아이들이 학업을 포기하게 만드는 이유를 살펴봅시다.

남자아이는 대근육, 여자아이는 소근육

운동 능력은 크게 두 가지로 나누어집니다. 대근육 운동과 소근육
운동입니다. 대근육 운동은 기어 다니기, 걷기, 뛰기, 펄쩍 뛰기, 제자
리 뛰기 같은 큼직한 운동입니다. 대근육 운동 능력은 처음에는 남자
아이나 여자아이나 다를 바가 없지만 남자아이는 훨씬 많이 활동하기
때문에 대근육을 사용하는 운동을 여자아이보다 훨씬 많이 합니다. 남
자아이의 활동성은 대근육을 충분히 제대로 활용하도록 돕습니다. 그
와 달리 여자아이들은 작고 섬세한 소근육이 발달합니다. 소근육 운동
능력은 신발 끈을 매거나 단추를 잠그는 등의 손가락 운동에만 관계가
있는 것이 아닙니다. 입을 움직여 단어를 말하고 발음하는 능력도 소
근육 운동과 관계있습니다. 미취학 아동은 충분히 뛰면서 종이를 자르
기도 하고 풀을 붙이기도 하면서 놀지만 유치원에 가면 뛰는 시간은 줄
어들고 쓰는 시간이 늘어납니다. 그때부터는 여자아이들이 유리해집니
다. 소근육 운동 능력이 약한 남자아이들은 유치원 때부터 좌절을 맛
볼 수밖에 없습니다.

시공간적 능력은 남자가 먼저 발달한다

페미니즘 운동의 큰 성과 가운데 하나는 남자아이들이 여자아이들보
다 수학과 과학을 월등하게 잘한다는 편견을 깨뜨린 것입니다. 1990년
대에 국립과학재단이 도입한 STEM(과학, 기술, 공학, 수학) 분야는 여전

히 남성이 주도하고 있지만 여성이 꾸준히 따라잡고 있는 분야이기도 합니다. 그런데 시공간적 능력은 남자아이들이 여자아이들보다 먼저 발달합니다. 예를 들어 남자아이들은 어떤 각도에서도 물체의 생김새를 구현해 볼 수 있는 능력인 심적 회전mental rotation 능력이 뛰어납니다. 이 능력은 레고 모형을 만들거나 홈플레이트에 서서 야구공이 날아갈 궤도를 그려볼 때 유용합니다. 남자아이들은 각기 다른 물체의 모양을 구별하는 능력과 시각 패턴을 감지하는 능력도 뛰어납니다. 하지만 초등학교 저학년 과정에서는 이런 능력을 적용할 수 있는 학습 과정이 많지 않습니다. 물론 수를 옮긴다거나, 자리수를 맞추어 계산을 하는 등의 시각화 능력이 어느 정도는 필요하지만 왼쪽에서 오른쪽으로 방정식을 읽어나가야 하는 것처럼 초등학교 수학은 아주 선형적linear이기도 합니다.

언어 능력에 큰 차이가 있는 것은 아니다

많은 사람이 여자아이가 남자아이보다 훨씬 말을 잘 한다고 믿습니다. 남자아이들보다 여자아이들이 말이 많은 것은 사실일 수 있지만 엘리엇 박사는 이렇게 말합니다. "언어 능력은 사실 남녀 차이가 나지 않는 영역 가운데 하나로 (다섯 살 무렵에는) IQ 점수로는 2점밖에 차이가 나지 않는다. 초등학교를 졸업하면 그 차이는 훨씬 줄어든다." 그럼에도 불구하고 초등학교에 입학할 무렵에는 여자아이들이 유리한 것은 사실입니다.

- 아이들이 태어나고 8개월쯤 지나면 여자아이는 남자아이보다 50단어 정도를

더 이해할 수 있습니다. 언어 발달이라는 면에서 보았을 때 1개월 정도 빠른 속도입니다.

- 여자아이가 남자아이보다 몸짓 언어를 5퍼센트 정도 많이 사용합니다. 몸짓은 언어의 전단계라고 여겨지고 있습니다.
- 최근 연구 결과에 따르면 여자아이는 남자아이보다 소리를 균등하게 알아듣는다고 합니다. 남자아이의 경우 보통 오른쪽 청각이 왼쪽 청각보다 예민합니다.

다시 이야기하지만 이런 작은 차이로 여자아이들이 몇몇 남자아이들보다는 학교가 요구하는 일을 좀 더 수월하게 할 수 있습니다. 더구나 이런 차이 때문에 여자아이들은 시간이 지나면 더 유리한 언어 능력을 발달시킬 수도 있습니다. 예를 들어 여자아이들은 남자아이들보다 많은 말을 하지는 않지만 빠른 속도로 말할 수 있습니다. 더구나 여자아이들은 남자아이들보다는 언어에 의지해 사회관계망을 형성합니다. 하지만 어른이 되어 남자가 구사하는 어휘력은 여자와 동등합니다. 실제적으로 평균적인 여성들의 언어 능력은 전체 남성 중 54퍼센트보다 더 나을 뿐입니다. 이 정도 확률이라면 라스베이거스의 도박사들도 돈을 걸지 않을 겁니다.

가만히 앉아 있는 것을 힘들어한다

남자아이들은 베이킹파우더를 이용해 용암 화산 모형을 만드는 데 관심이 있다면 여자아이들은 베수비오산이나 세인트헬레나산에 관한 보고서를 쓰는 데 능숙합니다. 그렇다고는 해도 성별에 따른 집중력은 크게 다르지 않습니다. 하지만 가만히 앉아 있는 데는 분명히 어린 여자아이가 훨씬 유리합니다. 가만히 앉아 있는 능력은 교실에서는 중요한 자질입니다. 그렇다고 남자아이들이 여자아이들보다 부산하다고 결론을 내리는 건 공정하지 못합니다. 남자아이들은 그저 좀 더 활동적일 뿐인지도 모릅니다. 남자아이들은 자기 통제 능력을 기르는 데 어려움을 겪는데, 이 어려움은 청소년기까지 지속됩니다. 실제로 세 살부터 열세 살까지의 어린아이들이 경험하는 가장 큰 성별 차이가 바로자기 충동을 억제하는 능력입니다. 엘리엇 박사는 이렇게 결론을 내렸습니다. "바로 이 차이이다. 가만히 앉아 있는 능력, 상반되는 충동을조절하는 능력, 해야 할 일을 마무리하는 데 집중하는 능력 말이다. 남자아이들이 여자아이들보다 학교에 적응하는 일이 어려운 이유는 남녀간에 인지 능력에 차이가 있기 때문이 아니라 이런 차이들이 있기 때문이다."

남자아이의 뇌는
발달할 시간이 필요하다

언어적으로 약간 앞서 있다는 사실과 소근육 운동 능력이 발달해 있고 자기 억제 능력이 있다는 사실 때문에 여자아이들은 학교에 들어가는 순간 앞서 나가게 됩니다. 이런 차이는 물론 중요하지만 몇 가지 명심할 점이 있습니다. 첫째, 지금까지 언급한 차이들은 남자아이와 여자아이를 일반화했을 때 발견할 수 있는 내용이고, 실제로 아이들마다 나타나는 행동 양식과 발달 과정은 다를 수 있습니다. 여자아이도 레고 블록을 사랑할 수 있고 남자아이도 책 읽기를 좋아할 수 있습니다. 둘째, 뇌 연구를 사람에게 직접 적용할 때는 주의해야 합니다. 뇌 구조와 사람의 활동을 관계 지을 때는 뇌 과학자마다 상당히 다른 의견을 제시하는 경우가 많습니다. 특히 정치적으로 논란의 여지가 될 수 있는 성별 차이를 언급할 때는 더욱 그렇습니다. 더구나 유전이냐 양육이냐의 문제를 풀 때는 완벽한 답은 기대할 수 없습니다. 그렇기 때문에 나는 되도록 보수적인 입장을 고수하려고 합니다. 동료 검토 연구를 통과한 연구, 다시 같은 실험 결과가 나올 수 있는 연구, 결과에서 크게 벗어나지 않은 추론을 도출한 연구만을 참고했습니다.

셋째는 가장 중요하니 반드시 기억해야 합니다. 여자도 과학 분야에서 획기적인 발견을 할 수 있고 남자도 가장 잘 팔리는 소설을 쓸 수 있습니다. 성인의 삶에서 중요한 역할을 할 개인의 인지 능력은 남녀 간에 전혀 차이가 없습니다. 남자와 여자가 다른 경로를 택해 인지 능력을 기른다고 해도 결국 도착하는 장소는 동일합니다.

초등학교 저학년 때 나는 여자아이들이 남자아이들보다 똑똑하다고 생각했습니다. 필기도 깨끗하게 했고 숙제도 항상 먼저 제출했으니까요. 연필이나 가위를 두고 왔을 때마다(물론 자주 그랬지만) 나는 여자아이들이라면 여분의 준비물을 가지고 있으리라는 사실을 믿어 의심치 않았습니다. 남자아이들 대부분이 그렇듯이 나도 멍한 상태로 있다가 초등학교를 졸업했습니다. 그들은 유치원부터 초등학교 때까지는 여자아이들보다는 확실히 불리한 위치에 있기 때문입니다.

교실 성적표

학습에 유리한 자질	여자아이	남자아이
가만히 앉아 있기	1	0
선생님 말씀에 귀를 기울이면서 학습 내용 받아들이기	1	0
충동 억제하기	1	0
읽기	1	0
협력하기	1	0
총점	5	0

표에서 볼 수 있듯이 학교생활은 남자아이들에게 철저하게 불리해

보입니다. 표에는 나타나지 않는 자질 가운데 여자아이들에게는 또 한 가지 중요한 자질이 있는데, 바로 남자아이들에 비해 선생님을 기쁘게 하는 데 흥미가 있다는 것입니다. 이런 차이는 남자아이와 여자아이가 자신의 사회적 위치를 찾는 방법이 서로 다르기 때문에 발생합니다. 여자아이들은 관계를 통해서 자기 위치를 찾아나가기 때문에 기꺼이 선생님의 지시를 따릅니다. 하지만 남자아이들은 또래 친구들의 인정을 받으면서 자기 위치를 찾기 때문에 수업 시간 내내 웃기는 소리를 하거나 선생님의 권위에 도전합니다. 이런 성별 차이가 전적으로 양육 때문에 나타나는 결과는 아닙니다. 암컷 침팬지도 수컷보다 선생님 행동에 세심하게 주의를 기울입니다. 어른 침팬지가 흰개미 굴을 파먹는 방법을 알려주면 어린 수컷 침팬지보다는 어린 암컷 침팬지가 그 행동을 따라할 가능성이 크다는 뜻입니다.

남자아이들은 사진이나 도표같이 시각적으로 확인하면서 설명하는 방법을 선호합니다. 다행히 교육 과정은 움직이는 모형을 활용하고 함께 프로젝트를 진행하면서 학습할 수 있는 조별 활동을 강화하는 쪽으로 바뀌고 있습니다. 하지만 학교생활은 대부분 가만히 앉아서 선생님 말씀을 들어야 한다는 사실에는 변함이 없습니다. '가만히 앉아서 선생님 말씀을 경청하는 기술을 익혀야 한다'는 압력을 받는 연령은 점점 더 낮아지고 있습니다. 한번은 또래 아이들보다 쓰기 능력이 현저하게 떨어지는 남자아이를 평가해달라는 부탁을 받은 적이 있습니다. 그 아이는 유치원생이었습니다. 내가 유치원 원장님에게 다섯 살 아이들이 모두 문장을 쓰고 짧은 단락을 완성할 수 있는 것은 아니라고 말하자 원장님은 "글쎄요, 우리 유치원 아이들은 모두 하는데요."라고 대답했습니다. 남자아이의 부모님은 아들을 다른 유치원으로 옮겼고, 서서히 성장할 수 있는 시간을 충분히 주자 아이는 문제없이 쓰기를 배울 수 있었습니다.

남자아이들이 학교는 당혹스럽고 좌절만 느껴야 하는 곳이라고 생각하는 것도 당연합니다. 국민의 대부분이 시골에서 살아야 했던 100여 년 전은 많은 면에서 남자들이 살기 좋았을 것입니다. 하루 종일 뛰어다닐 수 있었을 테니까요. 주의력결핍과잉행동장애는 분명히 장애지만, 농업을 기반으로 하는 경제 체제가 아니라 우리가 살고 있는 탈산업화 시대와 밀접한 관련이 있는 장애라고 생각합니다. 실제로 남자아이들을 오랜 시간 관찰한 연구에서 난독증이라고 진단을 받은 아이들 가운데 절반 정도는 사실 난독증이 아님이 밝혀졌습니다. 그 아이들은 읽을 줄을 모르는 것이 아니라 가만히 앉아 있는 것이 힘들었을 뿐입니다. 《아들 심리학》에서 킨들런과 톰슨은 이렇게 밝힙니다. "많은 선생님이 생각하기에 남자아이들의 일반적인 행동 패턴, 태도는 학교에서 성공하기 위해 반드시 극복해야 하는 문제다." 당신 아들이 빠르면 유치원부터 학교생활을 포기하는 이유는 그 때문인지도 모릅니다.

유치원부터 조금씩 앞서 나가는 여자아이들은 5학년이 끝날 무렵이 되면 결승선을 통과합니다. 남자아이들과 여자아이들의 사교 능력과 행동 능력을 비교한 토머스 디프레트Thomas DiPrete와 클라우디아 부크먼Claudia Buchman은 5학년이 되면 여자아이들의 독해 능력이 남자아이들보다 34퍼센트 정도 높아지고 수학 풀이 능력은 24퍼센트 정도 높아지는 것은 시작이 다르기 때문이라고 추정합니다. 두 사람은 초등학교 내내 여자아이들은 남자아이들보다 "적극성, 과제 지속력, 배우고자 하는 열의, 유연성, 조직력, 감정이나 생각과 견해를 긍정적인 자세로 표현하는 능력, 다른 사람의 감정을 예민하게 알아채고 반응하는 능력"이 뛰어나다는 사실을 알아냈습니다. 하지만 두 사람이 알아낸 가장 중요한 사실은 따로 있습니다. 두 사람은 대입수능시험 점수가 아니라 중학교 2학년에 받은 점수가 대학교 졸업 가능성을 예측하는 더 나은 지표임을 발견했습니다. 중학교 때 거의 모든 과목에서 A를 받은 아이는 대학교를 졸업할 확률이 70퍼센트에 달하지만 거의 모든 과목에서 B를 받는 아이들은 대학교를 졸업할 확률이 30퍼센트 정도에 불과했습니다. 거의 모든 과목 점수가 C인 아이들이 대학교를 졸업할 확률은 10퍼센트 정도였습니다. 그렇다면 중학교 2학년 때 A를 더 많이 받는 아이들은 여자아이들일까요, 남자아이들일까요?

그렇다고 희망을 버리면 안 됩니다. 디프레트와 부크먼이 내린 결론은 광범위한 학생들 표본을 기준으로 산출한 결과입니다. 그런 통계 자료가 나왔다고 해서 아들의 운명이 결정되었다고 생각해서는 안 됩니다. 나는 중고등학교 때 거의 모든 과목에서 B를 받고 C도 몇 개 있는 남자아이들이 무사히 대학교를 졸업하는 경우를 많이 보았습니다. 남자아이들에게는 성장할 시간이 필요합니다. 남자아이의 뇌는 발달할 시간이 필요합니다. 대학교는 여전히 학생들의 성 비율을 거의 동등하게 맞출 필요가 있습니다. 하지만 남자아이들이 학교생활에 참여하게 하는 일은 너무나도 힘듭니다. 남자아이들이 학교생활을 제대로 할 수 있게 도우려면 어떻게 해야 하는지, 지금부터 경험이 풍부한 선생님인 차이와 카에오의 조언을 듣고 알아봅시다.

너무 바보처럼 보이거나
너무 똑똑해 보일지도
모른다는 두려움

카에오는 남자아이들을 더 많이 격려해주고 인정해주어야 한다고 생각합니다. 그들은 너무 바보처럼 보이거나 오히려 너무 똑똑해 보일지도 모른다는 두려움을 느낄 필요가 없는 안전한 환경에서만 배울 수 있습니다. 카에오가 "학생들은 자신이 얼마나 알고 있는지에 관심을 갖기 전에 얼마나 많은 관심이 있는지를 먼저 알아야 할 필요가 있다."라는 말을 신조로 삼고 있는 이유도 그 때문입니다. 킨들러와 톰슨도 카에오의 말에 전적으로 동의합니다. 두 사람은 "남자아이들은 완전히 인정받고 있다는 기분을 느껴야 한다. 자신의 발달 속도와 행동이 정상이라고 느끼고, 다른 사람도 그렇게 인정해준다고 느낄 때에만 남자아이들은 무언가를 진심으로 배울 마음을 먹는다."라고 말합니다.

부모로서 당신이 할 일은 호기심을 느낄 수 있도록 격려하는 일입니다. 그러려면 아들의 터무니없는 견해도 참아낼 수 있어야 하고, 보고서 교정을 도와달라는 아들의 부탁도 적극적으로 들어주어야 합니다. 물론 (당신이 아니라) 아이가 제대로 생각할 수 있도록 도와주는 일은 괜찮지만 최종 보고서에는 분명히 아들의 목소리가 담겨야 합니다. 또한 당신에게 도움을 부탁한 아들이 수치심을 느끼게 해서는 안 됩니다.

아들이 선생님 때문에 수치심을 느끼고 있는 상황이라면 적절한 조치를 취해야 합니다. 나는 학생을 돕고자 하는 마음을 갖고 그의 행동을 교정하려고 했지만, 오히려 그의 수치심을 유발했던 선생님도 만나본 적이 있습니다. 한 초등학교 3학년 선생님은 가만히 앉아 있지 못하는 아이의 행동을 고치겠다며 책상을 반대로 돌려놓았습니다. 내가 그런 훈육 방식은 잘못이며 책상을 다시 돌려놓아 달라고 부탁할 때까지 그 선생님은 자신이 아이에게 얼마나 많은 수치심을 주고 당황하게 만들었는지 알지 못했습니다.

"그런 걸 왜 배워야 하나요? 써먹지도 못할텐데."

자신과는 관계가 없다는 생각이 들면 과제를 제대로 하지 않는 성향은 여자아이보다는 남자아이에게서 많이 나타납니다. 남자아이들은 늘 "왜 (대수를, 역사를, 영어를) 배워야 하나요? 그런 건 써먹지도 못할 텐데."라고 묻습니다. 그런 질문을 들을 때마다 나는 10대 남자아이들의 회의적인 마음을 없애려고 많은 연구를 했지만 여전히 아이들을 납득시킬 그럴듯한 대답은 찾지 못했습니다. 지금까지는 이렇게 대답해왔습니다.

- "대수는 필요 없을 수도 있지. 하지만 중요한 건 그게 아니란다. 대수를 배우면 논리력을 기를 수 있고 오류를 찾아낼 수 있고 끈기를 기를 수 있어."

- "민주주의의 성공은 교육받은 시민의 손에 달려 있단다. 생물학을 배워야 아무 쓸모가 없을지도 모른다. 하지만 나는 내 옆에서 투표를 하는 사람이 충분히 정보를 살펴본 뒤에 결정을 내릴 수 있을 정도로 일반교양을 쌓은 사람이면 좋겠구나."
- "나도 고등학교 때는 수학이 아무짝에도 쓸모가 없다고 생각했어. 하지만 병원에 가고 예산을 짤 때마다 수학이 필요하다는 사실을 깨달았어."
- "뇌는 아주 유연해서 배우고 성장할 때마다 계속해서 바뀐단다. 그러니까 대수를 공부할 때는 그저 단순히 '대수'와 관계가 있는 신경세포만 발현되는 것이 아니라 대수하고는 전혀 상관이 없는 여러 뇌 회로들도 자극을 받고 화학 반응을 일으킨단다. 그때부터는 남북전쟁의 주요 사건들을 외우는 것도 주기율표를 외우는 것도 훨씬 쉬워질 거야."

당신은 이런 대답보다 훨씬 괜찮은 대답을 해줄 수 있기를 바랍니다. 하지만 당신도 실패할 가능성이 있으니, 차이 레디를 비롯한 여러 선생님의 생각을 살펴봅시다. 차이 레디는 이렇게 말했습니다. "아이들이 지금 배우는 과목은 자기와 전혀 상관이 없다고 말할 때마다 나도 전적으로 동의한다고 말해줍니다. 탈산업화 혁명 시기에 만든 교육 커리큘럼은 과거에는 분명히 효과도 있었고 사회생활을 할 아이들과 관계도 있었습니다. 하지만 이제는 많은 학교에 적용하기에는 너무 낡아버렸습니다. '정해진 나이가 되었으니 2학년에 들어가서 이런 수업을 들어야 해'라고 강요하는 방식은 이제 낡았습니다. 많은 것이 변하고 있습니다. 그런데도 학교 교육 과정은 도통 바뀔 줄 모릅니다. 나는 전적으로 아이들에게 공감합니다. 논리, 직업 윤리, 교육 진행 과정은 분명히 아이들과 관계가 있습니다. 하지만 지금 교과 내용은 아닙니다."

캘리포니아주의 한 고등학교에서 수학을 가르치는 데이비드 머리도 비슷한 의견입니다. "학생 때 난 펑크족이었어요. 그래서 아이들 마음을 잘 압니다. 아이들에게는 정말로 솔직하게 대하려고 노력합니다. 그래서 아이들이 자기는 절대로 수학을 사용할 일이 없다고 말하면 나는 '그래, 맞는 말이야. 이 교실에 있는 너희 가운데 수학자가 될 사람은 아마 한 명도 없을 거야. 이 교실뿐 아니라 전체 학생들 가운데 99 퍼센트는 대수를 활용할 일이 전혀 없겠지. 하지만 그렇다고 내가 너희에게 대수를 가르치지 않는다면 그건 직무유기인 거야. 왜냐하면 너희 가운데 99퍼센트는 논리적으로 생각할 필요가 있고 숫자 감각을 길러야 하니까. 실제 세상에서 문제를 풀 때는 정량적인 방법을 활용해 논리적으로 생각해볼 필요가 있어. 너희 가운데 상당수는 학자금을 분할 상환할 방법을 결정해야 하고, 분명히 한 명의 예외도 없이 수표책은 결산해야 할 테니까."

데이비드는 계속해서 수학을 배워야 하는 이유를 운동부 감독이 하는 일에 비유했습니다. "아이들의 마음이 저 멀리 콩밭에 가 있는 일도 있다는 것을 충분히 압니다. 그런데 나는 농구와 미식축구부 감독이기도 합니다. 운동부 감독으로서 우리 아이들에게 '너희는 모두 프로선수가 될 거야.' 같은 말은 하지 않습니다. 운동부 감독은 경기장 밖에서도 아이들이 살아갈 수 있도록 인생을 가르쳐주는 역할을 해야 합니다. 수학 교사로서 교실에서 해야 하는 일도 마찬가지입니다."

하루를 마무리하는 시간이면 아들에게 그날 무엇을 배웠는지 물어보고, 아들이 배운 내용이 실생활에 어떤 관계가 있는지를 함께 고민해보는 게 어떨까요. 그러려면 아들이 배운 내용을 최대한 많이 알아내야 합니다. "오늘은 어땠니?"라고 묻지 말고 무엇을 배웠는지 물어야 합니다. 한 과목을 택해서 그날 배운 내용을 당신에게 가르쳐 달라고 부탁해도 좋습니다. 어쩌면 아들은 프랑스 혁명에 관한 새로운 사실들을 배웠는지도 모릅니다. 그렇다면 아들에게 프랑스 혁명을 일으킨 인물들과 비슷한 소설 속 인물들을 찾을 수 있는지, 역사가 알려주는 교훈을 현재 사건에는 어떻게 적용할 수 있는지를 물어봅시다. 그런 질문을 하는 동안 당신은 아들에게 당신 생각을 들려줄 수도 있고, 아들이 과제로 읽어야 하는 책들을 당신도 직접 읽어보고 싶다는(혹은 다시 읽어보고 싶다는) 기분이 들 수도 있습니다.

이런 시도를 하는 이유는 아들의 지적 호기심을 길러주기 위해서입니다. 아들의 지적 호기심을 길러주려면 당신의 지적 호기심부터 길러야 합니다. 저녁을 먹는 자리에서 당신이 궁금해하는 문제들을 꺼내봅시다. 이 세상에서 일어나고 있는 일들을 아들에게 물어봅시다. 질문을 한 다음에는 읽어야 합니다. 읽기야말로 배움의 가치를 알려줄 수 있는 가장 중요한 방법입니다.

남자아이 맞춤 교육법

모든 아이가 카에오 바스콘첼로스, 차이 레디, 데이비드 머리 같은 선생님을 만나는 행운을 누리지는 못합니다. 하지만 그런 선생님이 없어도 아이가 멋지게 자랄 수 있는 방법이 있습니다. 독서는 성인 남자와 남자아이 모두에게 아주 멋진 활동이라는 인식을 심어주는 것입니다. 온타리오주 미시소가에 있는 고등학교 영어 교사 브루스 피리는 다음과 같이 말합니다. "초등학교와 중학교 시기를 지나면서 남자아이들은 독서는 여자가 하는 활동이라는 생각을 합니다. 책과 잡지를 읽는 사람은 주로 어머니들이니까요." 남자아이들의 독서 습관을 심각하게 걱정하는 브루스는 관련 주제로 책도 출간했습니다. 브루스는 자기 감정을 제대로 표현하지 못하는 남자아이들에게는 소설이 아주 지루하다는 사실을 알고 있습니다. 하지만 그는 수학과 과학에서 그랬듯이 읽기와 쓰기에서도 성별 차이가 줄어들기를 희망합니다. 브루스는 수업 시간에 소설을 소개하는 방식만 바꾸면 가능하다고 생각합니다. 교실에서 소설을 읽고 어떤 감정을 느꼈는지를 발표하는 방식이 아니라, 교사가 먼저 소설의 역사적 배경과 줄거리, 주제 등을 소개하는 방식으로 바꾸면 말입니다.

브루스는 남자아이들이 쓰기를 어려워하는 이유는 쓰기 과정이 애매하기 때문이라고 생각합니다. 무언가를 쓰려면 불확실성을 많이 참아야 하는데, 그런 상황에서 남자아이들은 일시적으로 부적절하고 약해지고 자신이 상황을 통제하지 못한다는 기분을 느낍니다. 남자아이들은 훨씬 더 단단하고 분명한 규칙이 있는 활동을 선호합니다. 그는 남자아이들이 '적극성 훈련'보다는 '망설임 훈련'을 해야 한다고 주장합니다. 이 문제는 책의 후반부에서 다루겠습니다. 당신이 아버지이고 애독가가 아니라면 책을 한 권 집어 들어야 합니다. 아들은 책을 읽는 성인 남자를 보는 경우가 거의 없습니다. 아들이 고등학생이라면 아들도 흥미를 느낄 책을 고르는 것이 좋습니다. 그 책에 관해 이야기하고 아들도 읽게 하세요. 아들이 어리다면 아버지와 아들이 함께 독서 모임을 만드는 것도 좋습니다. 영화의 원작을 읽고 영화와 책을 비교할 수도 있습니다. 읽을 책과 관련해 공놀이를 하거나 캠핑을 다녀온다거나 견학을 다녀오는 등 여러 활동을 할 수도 있습니다. 아이들이 좋아하는 책에 관해서는 전문가들인 도서관 사서와 의논을 해볼 수도 있습니다.

아들이 정말로 학교에 흥미가 없다면 학교와는 상관이 없지만 아들이 흥미를 잃지 않을 수 있는 일을 찾는 것이 좋습니다. 이제 지레 포기하는 아들 유형을 하나 더 추가하려고 합니다. 바로 전문가 아들입니다. 이런 아이들은 취미를 사업으로 바꾸는 방법을 압니다. 한 남자중학생은 산악자전거와 스노보드 경기에 출전한 사람들을 찍어 그 사진을 인터넷에서 판매했습니다. 그는 스키장이 있는 인근 산악 지대에서 유명인사가 되었고, 스키 시즌이 되면 스키장에 무료로 들어갈 수 있는 입장권까지 얻었습니다. 사진 판매에만 열을 올리고 숙제는 등한시하는 아들과 부모는 끊임없이 줄다리기 같은 싸움을 할 수밖에 없었습니다. 하지만 나는 학업을 지레 포기하는 아이들이 사업을 하는 것은 나쁘지 않다고 생각합니다. 학교 공부보다 이른 나이에 자기 열정을 기르는 데 주력해 성공한 유명인은 아주 많습니다. 소셜네트워크 텀블러Tumblr를 만든 데이비드 카프David Karp도 그런 사람입니다. 열한 살에 HTML을 배우기 시작한 카프는 열다섯 살에 학교를 자퇴하고 컴퓨터 프로그래밍에 집중했습니다. 그리고 스물일곱 살이 되었을 때는 200만 달러를 벌어들인 갑부가 되었습니다. 물론 당신 아들이 열정을 쫓는다고 해도 카프 같은 거물은 되지 못할 수도 있습니다. 여전히 학교 공부를 잘해야 할 필요가 있을지도 모릅니다. 하지만 '취미'의 가치를 과소평가해서는 안 됩니다.

남자아이들에게는 육체 활동이 필요하며, 운동을 하면 기분도 좋아지고 집중력도 높아집니다. 《자연에서 멀어진 아이들》의 저자 리처드 루브Richard Louv는 현대 사회가 위대한 자연에 어떤 식으로 등을 돌렸는지를 묘사하면서 자연 결핍 장애라는 용어를 제시했습니다. 루브는 여덟 살 아이들이 나무 이름보다 포켓몬 이름을 잘 알고 있다는 영국의 연구 결과도 소개합니다. 하지만 당신 아들이 '집 안에만 있는 아이'라고 해도 밖으로 나가라고 등을 떠밀어야 한다는 말은 아닙니다. 한 가지 갈등을 해결하려고 다른 갈등을 키울 수는 없으니까요. 지금까지 주저하는 아이를 떠밀어 밖에서 활동하거나 운동하게 만든 부모는 거의 본 적이 없습니다. 하지만 가능하다면 학교까지 태워주는 일은 그만두어야 합니다. 걸어가거나 자전거를 타고 가게 하세요. 부모가 솔선수범해 대중교통을 이용하는 것도 좋은 방법입니다.

결국 강한 학교가 강한 남자아이를 길러냅니다. 강한 학교가 강한 여자아이를 길러내고요. 아동전문가 레너드 색스Leonard Sax 박사는 남자아이는 남자아이들끼리, 여자아이는 여자아이들끼리 공부하는 것이 좋다고 굳게 믿습니다. 하지만 여자아이들이 남자아이들을 도울 수 있는 남녀공학이 좋다고 생각하는 차이 레디 같은 사람도 있습니다. 내 의견은 차이의 의견에 더 가깝습니다. 한 연구 결과에 따르면 남자아이들을 바꾸는 사람은 또래 친구가 아닙니다. 남자 선생님이 아이들에게 영향을 줍니다. 중학교와 고등학교에 더 많은 남자 선생님이 필요하다는 사실은 의심의 여지가 없습니다. 책상을 일렬로 쭉 늘어놓고 모든 학생이 같은 방식으로 공부하는 방법으로는 남자아이에게 필요한 도움을 완벽하게 제공할 수는 없습니다. 하지만 그런 교습 방법은 대중을 교육시키는 가장 효과적인 방법이라고 생각합니다. 의무 교육은 그런 대중을 양성하기 위한 방법일 테고요. 그러나 공교육의 문제는 교육계 상황보다는 정치 때문에 생기는 경우가 있습니다. 정치 문제 때문에 공립학교에 필요한 자원이 제대로 공급되지 않으면 교사들은 제 역할을 해내지 못합니다.

아이들을 제대로 가르치려면 다음과 같은 변화가 생겨야 합니다.

- 학생 수가 줄어야 합니다. 말하기는 쉬워도 실행하기는 어려운 일입니다. 하지만 교실당 학생 수는 학교 교육의 질에 가장 큰 영향을 미치는 요인입니다.
- 수업 시작 시간을 늦춰야 합니다. 아침 일찍 첫 수업을 시작하고 점심 일찍 식사를 하는 것이 청소년에게 좋다고 생각하는 사람은 10대 아이들을 만나보지도 못했을 것입니다.
- 아침에는 운동을 하게 해주세요. 이 문제를 수업 전 운동 시간으로 해결한 지역구도 있습니다. 아침에 운동을 하면 추가로 좋은 점이 생깁니다. 일단 운동을 하면 집중력이 좋아집니다. 그리고 남학생들이 학교에 있는 동안 몸을 움직일 수 있는 좋은 기회가 생깁니다.

2부

아들의 친밀한 협력자가
되기 위해 알아야 할 것들

이제는 아들이 겪고 있는 어려움을 객관적으로 측정하고 마음으로 이해할 수 있게 되었을 것입니다. 당신은 아들이 이런 소용돌이 속에서 벗어나 스스로 알아서 할 수 있는 사람으로 거듭날 수 있도록 도울 계획을 세울 준비가 끝났습니다.

동기, 의욕을 뜻하는 motivation은 라틴어 모티부스 motivus에서 왔습니다. '움직이다'라는 뜻입니다. 연구원 데시와 라이언은 세 가지 요소가 기본적으로 갖추어져야만 스스로 해야겠다는 마음을 먹을 수 있다고 말합니다. 앞에서도 살펴본 것처럼 그 세 가지 요소는 통제, 능력, 타인과의 관계맺음입니다. 스스로 마음을 먹고 자발적으로 무언가를 할 의욕이 생기려면 이 세 가지 요소가 필요합니다. 지금까지는 외부(선생님이나 부모님)에서 자극이 와야지만 아들이 무언가를 할 마음을 먹었습니다. 하지만 성장을 한 뒤에는 외부인이 그런 역할을 해주는 일은 가능하지도 않을 뿐더러 바람직하지도 않습니다. 당신도 아들이 스스로 목표를 설정하고 그 목표를 성취하려는 의욕을 갖기를 바랄 것입니다.

7장

아들이 양가감정이라는
다리를 건너는 시간

가짜 독립심
책략

성적이 나쁜 동생을 언급하면서 누나가 말
했습니다. "엄마, 모르겠어? 루크의 문제는 모두 통제 문제란 말이야.
엄마는 루크가 숙제를 하게 만들려고 통제하고 루크는 엄마가 그렇게
하지 못하게 통제하려고 하잖아."

아무리 의도가 좋아도 아들의 행동을 통제하면 상황은 점점 더 나
빠집니다. 틀린 추론과 반사적인 행동이 계속해서 반복되면서 결국 당
신도 모르게 아들이 성공하지 못하게 만듭니다. 역설 반응이라고 부르
는, 보이지 않는 덫에 갇혀버리는 것입니다. 이 덫은 아들에 관해 세운
틀린 추론에 묻혀 있습니다.

- 내 아들은 정서적으로나 인지적으로 자기 길을 내팽개칠 수 있는 모든 일을 받
  아들일 준비가 되어 있다.
- 내 아들은 자기 잠재력을 완벽하게 발휘하지 않고 있다.
- 내 아들은 학교생활에는 전혀 관심이 없다.

• 내 아들은 게으르다.

　이런 추론을 근거로 당신은 아들에게 의욕을 불러일으키는 초인적인 역할을 떠맡습니다. 당신이 아들을 감독하고 가정교사를 고용하고 제대로 안내해주면, 그가 자연스럽게 성장 경로를 바꾸어 바른 방향으로 갈 수 있다는 잘못된 생각을 하고 있습니다. 하지만 이제 당신의 인식이 바뀌었으니 당신이 쏟아부은 최선의 노력을 방해하는 장애물이 보일 것입니다.

• 당신 아들은 지금도 감정적으로나 인지적으로 발달하는 중입니다.
• 고등학교에서 경험하는 어려움을 극복하는 데 가장 필요한 일부 뇌 영역(전전두엽 피질)은 여전히 완벽한 회로를 갖추지도 못했고 필요한 절연체도 갖추지 못했습니다. 스물여섯 살쯤 되어야만 뇌는 완전히 성장합니다.
• 현재 당신 아들은 부모와 '분리'되는 중입니다. 따라서 여전히 많은 지도와 감독이 필요하지만 당신이 부모임을 상기시키는 일을 할 때마다 당신 아들은 거부하고 화를 낼 것입니다.
• 당신 아들은 학교에 무심해야지만 '남자다울 수 있다'는 생각에 사로잡혀 있고 자존심 때문에 도와달라고 요청하지 않습니다.

아들은 왜 열심히 노력하지 않을까

　이제부터는 당신이 걸려 있는 보이지 않는 덫에서 빠져나올 방법을 살펴보겠습니다. 당신과 아들 사이에 놓인 모순은 당신이 아들에게 의욕을 갖게 하려면 할수록 아들은 더욱 맥이 풀린다는 것입니다. 이런 상황을 보이는 그대로만 본다면 당신의 아들이 고집을 부리고 있는 것 같습니다. 하지만 실제로는 더 많은 일이 일어나고 있습니다. 모든 일은 양가감정 때문에 시작됩니다. 1부에서 우리는 아무 일도 하지 않는 것처럼 보이는 아들일지라도 성적에 관심이 없지는 않다는 사실을 살펴보았습니다. 아들이 열심히 노력하지 않는 이유는 양가감정 때문입니다. 양가감정이라는 다리를 건넌다는 것은 당신의 아들이 어린아이의 의존성에서 벗어나 자율적인 성인이 된다는 뜻입니다. 또한 우리는 아들이 자기가 여전히 부모에게 의존해야 한다는 사실을 깨달을 때뿐만 아니라 힘껏 연마하고 있는 남자다움이라는 정체성에 위협을 느낄 때에도 부모와의 갈등이 더욱 심해진다는 사실을 살펴보았습니다. 학교 성적에는 전혀 관심이 없는 체하는 아들의 연기 때문에 당신은 더욱더 아들을 이해하기 어려워지고, 결국 아들은 학교생활은 신경 쓰지 않는다는 결론을 내리게 됩니다.

하지만 아들이 벌이고 있는 투쟁은 아들만의 것이 아닙니다. 투쟁의 결과는 당신에게도 커다란 영향을 미칩니다. 시간은 계속 흘러가게 마련입니다. 이제 몇 년 뒤면 아들은 스스로 생계를 책임져야 합니다. 현재 상태라면 아들의 운명은 암울합니다. 하지만 당신이 하는 걱정은 언제나 역효과만 낳습니다. 당신은 아들이 적어도 자신이 정체되어 있다는 사실을 깨달았으면 하고 소망할 것입니다. '나도 공부해야 하는 건 알아. 하지만 너무 지루해. 게다가 할 일은 계속 생기고. 하지만 성적이 오르지 않으면 좋은 대학교에는 못 갈 거야. 하지만 숙제는 정말 엉망인걸…….'과 같이 생각하고 있을 아들은 아마도 자기 상태를 알고 있을 겁니다. 하지만 그 사실을 당신에게 말하지는 않습니다. 두 사람의 대화는 퉁명스럽게 흘러가고 서로에게 불만을 느낄 때가 많을 겁니다.

한쪽에서는 스스로 인지하고 있는 양심이나 야망, 공부를 해야 한다는 자각이 아들의 내면과 싸움을 벌이고 있습니다. 다른 쪽에서는 아들의 불안과 방종, 의존성이 당신과 싸움을 벌이고 있습니다. 이것이 바로 양가감정이 작동하는 방식입니다.

양가감정은
교대로 찾아온다

이제부터는 양가감정을 제대로 이해하기 위해 조그만 실험을 해봅시다. 먼저, 결론을 내리기가 아주 어려운 인생을 바꾸는 결정을 스스로 내려본 적이 있는지 떠올려봅시다. 어떤 대학교에 입학해야 하는지, 이 직장에 다닐 것인지 말 것인지, 한 사람과 관계를 계속 이어나가야 할지 말지 같은 결정 말입니다. 분명히 계속해서 마음을 바꾸면서 장단점을 비교해보고, 분명히 결정을 내렸다고 결심한 지 한 시간도 되지 않아 다시 마음을 바꾸거나 하지는 않았나요?

자, 이번에는 다른 사람과 상의해서 아주 중요한 결정을 내려야 했던 때를 생각해봅시다. 아이를 낳을 것인지 말 것인지를 결정하는 일이 좋은 예입니다. 당신은 부모가 될 준비가 끝났는데 배우자는 아직 준비가 되지 않은 적이 있었나요? 그 반대의 경우는요? 배우자에게 "이제 아이를 갖자."라는 말을 듣는 순간 갑자기 초조해지고 겁이 나지는 않았나요? 배우자가 '아직은 아니야!'라는 푯말을 들고 있는 한 당신은 실제 결과를 가늠하지 않고도 부모가 된다는 것이 어떤 의미인지를 자유롭게 상상할 수 있습니다. 하지만 정지 표지판이 내려오는 순간 당신은 결정을 내려야 하는 현실에 직면합니다. 당신과 배우자는 부모가 되었을 때 느껴야 하는 공포와 즐거움을 동등하게 느끼게 될 때까지 계속 의견을 교환할 것입니다.

아이를 낳을 것인가 말 것인가에 관해 부부가 의논하는 경우와 달리, 당신과 아들이 하는 권력 투쟁에서 서로의 입장이 바뀌는 일은 없습니다. 아들은 기꺼이 불안과 자기 의심이라는 감정을 짊어집니다. 당신이 흥분할수록 아들은 차분해집니다. 학교생활과 미래를 걱정해야 한다는 짐은 당신이 자신도 모르는 사이에 아들에게서 가져와 대신 짊어지고 있기 때문입니다. 당신이 자기 짐을 가져갔으니 아들은 더는 걱정할 이유가 없어집니다. 자신의 학교생활과 미래를 걱정하는 대신에 아들은 그저 당신이 자신을 재촉하고 밀어붙이고 있다며 불만을 터트릴 것입니다. 많은 어린 내담자가 이렇게 말합니다. "우리 부모님이 문제예요. 그냥 나 좀 내버려두고, 가정교사랑 치료사한테 데려가지만 않으면 나도 내 일을 끝낼 수 있단 말이에요." 10대 아이들은 타고난 반대쟁이입니다. 당신이 역설 반응이라는 덫에 걸리는 순간 아들은 자신이 학교생활에 태만한 이유를 정당화할 무기를 얻게 됩니다. 한 10대 내담자는 직설적으로 이렇게 말했습니다. "아빠가 끊임없이 간섭을 하니까 내가 성적이 안 오르는 거예요. 아빠는 내가 학교에서 잘하라고 하지만 아빠 때문에 그러기 싫어요. 일단 시작을 해도 아빠가 계속 하라고 하면, 그 말을 멈출 때까지 절대로 아무것도 안 할 거예요."

아들이 이런 식으로 반응하는 데는 또 다른 이유도 있습니다. 당신의 아들은 당신이 하는 노력을 거부하고 당신이 하라는 모든 일에 반대함으로써 자신이 이 상황을 통제하는 사람이라는 기분을 느낄 수 있습니다. 아무 일을 하지 않고도 작동 기능을 익히는 도제 단계에서 마음 껏 기능을 발휘할 수 있는 장인 단계로 올라갔다고 느낄 수 있습니다. 하지만 안타깝게도 실제로 그가 만든 결과는 부모가 자신의 인생에 더 많은 관여를 할 수밖에 없게 만드는 지독한 권력 투쟁을 일으켰다는 것 뿐입니다. 실제로 아들이 한 일은 기발한 책략을 구사해 자신이 숨기 고 있는 의존성을 더 길게 연장함으로써 어른이 되는 순간을 늦춘 것입 니다. 아들은 스스로 학교 성적을 나쁘게 받는 쪽을 택했기 때문에 자 신은 자율적인 사람이라고 생각합니다. 나는 이런 아이들의 생각을 '가 짜 독립심 책략'이라고 부릅니다. 이런 책략을 은밀하게 구사하건 당당 하게 드러내놓고 구사하건 간에 아들이 하는 일은 당신이 아들을 더욱 걱정하게 만드는 것뿐입니다. 겉으로 보기에는 끊임없는 당신의 감독 과 개입에 저항하고 있는 것처럼 보이지만 실제로는 당신이 자기 삶에 더욱 개입하도록 만듭니다.

의욕이 없다는 말로는 모두 설명할 수 없다

몇 년 전에 저를 찾아온 잭에 관해 들려드리겠습니다. 잭은 고등학 교 졸업반이었습니다. 보통 비디오 게임이나 컴퓨터에 빠져 있는 그 나이 때 아이들과 달리, 잭은 10대 남자아이로서는 아주 드문 흥미로 운 취미에 빠져 있었습니다. 바로 '배 만들기'입니다. 그는 걷기 시작 했을 무렵부터 욕조에 띄워놓은 장난감에 호기심을 보였습니다. 좀 더 자라서는 실제로 물 위에 띄울 수 있는 크기의 사물에 관심을 가졌습니 다. 결국 잭은 조선업자와 친해져 더 많은 지식을 배웠습니다. 나를 찾아왔을 때 잭은 차고의 절반을 배를 만드는 데 쓰고 있었습니다. 그가 도구를 가지고 배를 만드는 데는 아무런 문제가 없었습니다. 단 한 가지, 학교 공부를 완전히 등한시한다는 것 말고는 말입니다. 잭은 주의력결핍과잉행동장애와 심하지는 않았지만 학습 장애를 함께 앓고 있었기 때문에 사실 공부는 잭에게 쉬운 일이 아니었습니다. 한번은 잭이 이렇게 말했습니다. "학습 장애가 있다는 건 달리기 경주를 하는 것과 같아요. 문제는 아이들은 달리는데 나는 장애물을 건너뛰어야 한다는 거예요." 초등학교에 다닐 때는 잭도 부모님의 도움을 거절하지 않았습니다. 하지만 청소년이 된 뒤에는 부모님의 도움을 받아야 한다는 사실에 분노했고, 도움을 거절하기 시작했습니다.

내담 시간이면 잭은 부모님이 지나치게 자신을 통제하려고 한다고 불만을 털어놓으면서 뉴햄프셔로 도망쳐 배를 만들 계획이라고 말했습니다. 하지만 실제로는 학교에서 제대로 하지 못하는 탓에 부모님에게 의존하는 경향만 커지고 있었습니다. 잭은 아주 영리한 아이였지만 학교 숙제를 하지 않는 탓에 결국 4년제 대학교 어느 곳에서도 잭을 받아주지 않았습니다. 그의 부모님은 교육을 받아야 하며 어른이 될 준비를 해야 한다는 사실을 철저하게 외면하며 사는 듯한 아들을 절망하고 좌절한 채로 지켜볼 수밖에 없었습니다. 잭의 부모님은 아들이 배를 만드는 일을 지지해주고 필요한 자원을 제공했지만 대학 교육은 타협의 대상이 아니었습니다. 그 때문에 자신들이 어떻게 해야 할지 알 수 없는 상태에서 그저 잭을 더욱 엄하게 단속했습니다. 학교가 끝난 뒤에는 도서관에 들렀다 오게 했고, 매일 공부를 점검했으며 선생님과도 자주 통화했습니다. 하지만 잭은 나에게 "내가 하는 일 때문에 행복하지 않다면 성적 같은 건 관심 없어요."라고 말했습니다.

잭과 부모님의 갈등은 점점 심해져서 결국 어느 날 잭은 학교에 가지 않겠다고 선언했습니다. 물론 그날만 학교에 가지 않은 것은 아닙니다. 내담을 하는 동안 잭이 여러 차례 학교에 가지 않았다는 말을 들었으니까요. 잭의 말에 따르면, 그가 학교에 가지 않겠다고 선언하기 전날 오후에 집에 왔을 때 그의 기분이 아주 좋았습니다. 도서관에서 과제 보고서를 아주 잘 쓰고 왔기 때문입니다. 그런데 그날 밤 늦게 잭의 어머니는 어질러진 집 때문에 크게 화가 났습니다. 잭의 어머니는 잭의 신발을 비롯해 잭이 정리하지 않은 물건을 모두 쓰레기봉투에 담아서 차고로 던져버렸습니다. 그런 어머니를 보면서 잭은 자신이 할 수 있는 일이 없다고 느꼈습니다. 숙제를 잘하고 왔는데도 어머니는 집을 치우지 않았다며 고함을 질러댔다고 했습니다. 그 문제로 나와 잭은 대화를 나누었습니다.

프라이스 박사: 왜 학교에 가지 않았니?

잭: 신발을 찾을 기운이 없었어요. 그냥 신발을 찾고 싶지 않았어요.

프라이스 박사: 학교를 하루 빠진 걸로 충분히 벌을 주었다고 생각하니?

잭: 그게 무슨 말이에요?

프라이스 박사: 그냥 일주일 내내 학교에 가지 않는 게 더 확실한 벌이지 않았을까?

잭: 그럴 수는 없어요. 학교 수업이 많이 뒤처졌는걸요. 그리고 엄마를 벌준 거 아니에요.

프라이스 박사: 아니라고? 네가 학교에 가지 않으면 어머니 마음이 어

당신의 아들은 게으르지 않다

땠을까?

잭: 화가 나고 좌절하겠죠. 학교생활을 잘해서 엄마를 기쁘게 하고 싶지 않아요.

프라이스 박사: 벌은 다른 사람의 행동을 바꾸는 벌도 있고 정확하게 복수를 하는 벌도 있어. 넌 네 기분이 나쁜 만큼 어머니의 기분도 나쁘게 만드는 벌을 준 거야.

잭: 그럼, 뭘 어떻게 해요? 엄마는 자기 마음대로 하는데.

프라이스 박사: 이런, 부모님한테 복수할 아주 기발한 방법을 찾은 것 같은데?

잭은 부모님에게 "엿이나 먹어!"라고 고함을 지르는 아이는 아닙니다. 하지만 은밀하게 엿 먹으라고 속삭이기는 한 것입니다. 잭과 그의 부모님은 자신도 모르는 사이에 역설 반응을 이끌어냈습니다. 잭의 부모님이 아들을 강하게 몰아붙일 때마다 잭은 더 화를 내고 학교생활을 등한시했습니다. 잭의 부모님은 더 관여함으로써 잭의 화를 돋우었습니다. 애당초 갈등이 일어난 이유는 아들이 학교생활에 충실하게 만들겠다는 데 있었지만, 갈등이 깊어지면서 그 목표는 흐지부지되었습니다. 잭의 상황은 의욕이 없다는 말로는 모두 설명할 수 없습니다. 청소년 문제는 청소년이 겪는 양가감정을 제대로 드러낼 수 있어야(권력 싸움이라는 위장막을 덮어쓰고 있지 않아야) 실제로 어떤 일이 벌어지는지 분명하게 이해할 수 있습니다. 당신의 아들에게 결여된 것은 단순히 의욕뿐만이 아닙니다. 이 문제는 지나치게 많은 물건을 담은 커다란 가방이라고 생각하세요. 이 가방을 유용하게 사용하려면 안에 있는 물건을 꺼내야만 합니다.

　역설 반응이 작동하고 있는 한 변할 수 있는 일은 없습니다. 그러므로 부모와 아들의 관계를 다시 생각해보지 않고서는 아들에게 의욕을 심어줄 수 없습니다. 10대 아이와 갈등을 빚고 있을 때는 문제를 해결할 수 없습니다.

아들의 자부심을 길러주는 단 한 가지 방법

지금 당장은 당신이 아들의 학업 성적에 영향을 미칠 수 있는 유일한 힘입니다. 그런 힘이 되어야 한다는 사실은 사람을 지치게 합니다. 아무리 힘을 주어도 꿈쩍도 하지 않는 10톤 거석을 밀어붙이다 보면 당연히 지칠 수밖에 없습니다. 거석은 땀 한 방울 흘리지 않고 그저 그 자리에 앉아 있습니다. 더구나 그 거석은 자기 방에 집 안의 그릇이란 그릇은 모두 갖다놓고 끊임없이 먹어댑니다. 10년 넘게 당신 집에서 무위도식하면서도 빨래바구니에 옷 한번 넣는 법이 없습니다.

당신은 아들이 고등학교를 졸업하고 대학교에 가게 되더라도 모든 수업을 다 빼먹고 비디오 게임이나 하면서 더러운 방 안에서 맥주와 감자칩으로 연명하는 것은 아닐지 걱정할 수도 있습니다. 살아가는 데 필요한 책임을 지지도 못할 정도로 자기 통제 능력이 없는 것은 아닐지 말입니다. 아들이 그렇게 된 데에는 당신도 책임이 있음을 분명히 알지만, 당신은 아주 난감한 상황에 처해 있습니다. 당신이 아들을 위해 많은 일을 할수록 아들은 자신을 위한 일을 점점 더 하지 않게 될 것입니다.

앞서 살펴본 것처럼 아들은 정확하게 자기가 원하는 장소(자신의 외부)에서 갈등이 벌어지게 함으로써 권력 투쟁에서 우위를 차지합니다. 하지만 그런 상태는 오래갈 수 없습니다. 다소 낡은 표현이지만 이제는 이 갈등을 아들의 내면으로 돌려보내야 합니다. 그래야 아들은 자신의 양가감정을 대면하고 스스로 해야겠다는 결심을 할 수 있습니다. 우리 목표는 아들이 자신의 가치와 목표, 야망을 가지고 직접 행동하게 하는 것입니다. 그것만이 아들이 진심으로 성공하고 싶다는 내면의 의욕을 기를 수 있는 유일한 방법입니다. 아들에게 필요한 자질인 자기 통제력, 자기 결정 능력, 자기 조절 능력은 모두 같은 말입니다. 선반 위에서 먼지가 자욱이 쌓여가는 트로피가 아니라 바로 이런 자질이 아들의 자부심을 길러줍니다.

사람들이 일을 하는 경우는 두 가지 가운데 하나입니다. 일을 해야 한다는 압력을 받아서 하는 경우 혹은 스스로 원해서 하는 경우입니다. 30년 동안 동기와 의욕을 연구한 에드워드 데시Edward Deci와 리처드 라이언Richard Ryan은 무언가를 하고 싶다는 마음 뒤에 숨은 동기를 내재적 동기라고 부릅니다. 어떤 행동을 하고 싶다는 마음은 타고난 것처럼 보이기 때문입니다. 정말로 좋아하는 일을 하는 동안 느끼는 행복과 즐거움을 떠올려보세요. 완벽하게 만족스럽고 내가 충분히 잘한다는 느낌이 드는 일을 한다고 생각해보세요. 그런 활동을 하기 위해서는 특별한 동기나 의욕이 필요하지 않습니다.

분명히 아들에게도 내재적인 의욕이 발휘되는 일들이 있을 것입니다. "빨리 비디오 게임을 하지 않으면 이번 주말은 외출 금지야."라거나 "언제까지 빨래나 개고 어질러진 물건을 정리하면서 시간을 낭비

할 거니?"라는 말을 해본 적이 있습니까? 없을 것입니다. 아들은 자발적으로 비디오 게임을 하고 집을 어지를 테니까요. 아들은 본능적으로 비디오 게임이 재미있다는 것을 압니다. 숙제에는 당연히 전적으로 다른 감정을 가지고 있기 때문에 수학 문제지를 풀고 단어를 암기하는 일은 아들에게 그다지 즐겁지 않은 일입니다.

물론 하고 싶지 않은 일을 하는 것, 그것은 인생을 살아가는 데 반드시 필요한 기술입니다. 하지만 엄청난 결의가 있어야만 가능한 일이기도 합니다. 당신이 알고 있는 가장 결단력 있는 사람을 떠올려보세요. 그 사람은 어떤 사람인가요? '의욕이 넘치고 자기 일에 헌신하며 집중력이 뛰어나고 근면하고 목표 지향적인' 사람일 겁니다. 자기 조절이라는 단어는 생각나지 않을 수도 있지만, 다음과 같은 로렌스 스타인버그의 말은 옳습니다.

"우리의 감정, 생각, 행동을 통제하는 능력은 한 가지 일에 집중할 수 있게 한다. 특히 어려운 일, 불쾌한 일, 지루한 일을 해야 할 때 집중할 수 있다. 자기 조절 능력 덕분에 우리 마음은 계속해서 다른 곳으로 흘러가지 않고, 피곤해도 조금만 더 노력해보라고 자신을 재촉할 수도 있고 돌아다니고 싶은 마음을 없애고 가만히 머물 수 있다. 자기 조절이란 불안하고 자신 없고 쉽게 낙심하는 상태에서 벗어나 단호하게 성공할 수 있는 상태로 나아가는 능력이다."

마시멜로를 먹지 않고 참는 능력

심리학자 월터 미셸Walter Mischel은 '마시멜로 실험'으로 자기 조절의

핵심이 되는 측면을 밝혔습니다. 스탠퍼드대학교 부속 예비학교에서 진행한 연구에서 그는 네 살 아이들을 탁자에 앉히고 아이들 앞에 마시멜로를 한 개씩 놓았습니다. 연구원이 교실 밖으로 나갔다가 돌아올 때까지 마시멜로를 먹지 않는 아이에게는 상으로 마시멜로를 더 주겠다고 했습니다. 실험에 참가한 아이들 중에는 마시멜로를 먹지 않고 기다린 아이도 있었고 연구원이 나가자마자 마시멜로를 먹은 아이도 있었습니다. 그리고 몇 년 뒤 실험에 참가했던 아이들을 추적 조사했을 때 놀라운 사실이 밝혀졌습니다. 연구원을 기다리지 못하고 마시멜로를 먹은 아이들은 자신을 통제하고 마시멜로를 먹지 않은 아이들에 비해 학업 성적이 좋지 않았습니다. 반면 마시멜로를 먹지 않고 참은 아이들은 수능 성적이 아주 뛰어났습니다. 자기 통제 능력을 보였던 네 살 아이들은 참지 않고 마시멜로를 먹은 아이들보다 수능 성적이 평균 210점 정도 높았습니다. 마시멜로를 먹지 않고 기다리는 능력이 어떻게 인생에서의 성공과 관계있을까요? 마시멜로를 먹지 않고 참는 능력은 미래를 예측할 수 있는 아주 강력한 지표입니다. 미셸은 더 큰 보상을 위해 인내하고 열심히 일하는 능력인 '만족을 뒤로 미루는 능력'을 연구한 것입니다.

보상과 처벌은 단기 해결책은 될 수 있겠지만 결국 득보다 실이 많습니다. 당신의 목표는 그저 아들이 당신의 지시를 따르는 일이 아닐 것입니다. 아들이 더 잘하고 싶다고 다짐하기를 바랄 것입니다. 더 열심히 하기를 바랄 것입니다. 그것이야말로 당신이 아들에게 심어준 가치관을 제대로 반영하는 일이며, 아들이 스스로 노력했다는 사실에 자부심을 갖는 길이기 때문입니다. 스스로 하려는 마음을 갖기 위해서는 내면화internalization 과정이 필요합니다. 지그문트 프로이트Sigmund Freud가 발견한 과정입니다. 어린아이는 부모가 하는 행동과 믿음을 보이는 그대로 믿지만, 아이들이 자라면 부모들이 알려준 행동과 믿음을 그대로 따르는 것만으로는 충분하지 않습니다. 스스로 가치를 매길 수 있는 행동과 믿음이 필요합니다. 심리학자 웬디 그롤닉Wendy Grolnick은 내면화에 대해 다음과 같이 말했습니다. "외부에서 받아들인 가치와 행동을 자신의 가치와 자율적인 행동으로 적극적으로 바꾸는 과정을 내면화라고 한다. 가치와 목표가 내면화되면 그 행동이 자신의 목표가 되기 때문에 아이들은 자발적으로 행동하게 된다." 다시 말해서 내면화는 외부에서 하는 조절을 내부에서 하는 조절로 바꾸는 과정입니다. 이 발달 과정은 다음 표에 적은 것처럼 몇 단계 과정을 거쳐 일어납니다.

방금 세탁한 옷을 가지런히 개고 옷장 서랍에 티셔츠를 가지런히 정리해 넣었다는 사실이 아무리 만족스럽다고 해도, 좋아서 빨래를 하는 경우는 드물 것입니다. 당신이 빨래를 하는 이유는 가족을 소중하게 생각하기 때문입니다. 빨래라는 활동은 당신이 간직하고 있는 소중한 가치를 표현하는 행동이며 시간이 흐르면서 자발적으로 하도록 습관화한 행동이기도 합니다. 다른 발달 과정처럼 성장도 가다가 서기를 반복합니다. 이제 아들을 생각하면서 표를 한번 살펴봅시다. 협박을 하거나 으름장을 놓아야지만 숙제를 한다면 아들은 1단계(복종 단계)에 머물러 있습니다. 그날 기분이나 어떤 활동을 하느냐에 따라 아들은 2단계(순응 단계)나 3단계(인정 단계)까지 올라갈 수도 있습니다. 다른 지레 포기하는 아이들처럼 당신 아들의 내면에도 교육은 중요하다거나 열심히 일해서 무언가를 해내야 한다는 가치가 내면화되어 있습니다.

내면화 단계

단계	정의	동기를 부여하는 곳	예
1. 복종 단계	아이는 벌을 피하거나 상을 받으려고 불평을 합니다. 아이는 혼자서 과제를 해낼 수는 없습니다. 어떤 외부적 우연이 적절하게 작용해야만 과제를 해낼 수 있습니다.	외부	시험을 잘 보지 못하면 외출할 수 없기 때문이거나 그저 좋은 성적을 얻으려고 공부합니다. 공부하는 내용은 그저 결과를 얻는 수단이라서 시험이 끝나자마자 공부한 내용은 모두 잊어버립니다.
2. 순응 단계	인정받기 위해 혹은 죄의식을 느끼지 않기 위해 아이는 이제 부모님이나 선생님의 말씀을 따르려고 합니다. 동기는 여전히 외부에서 부여됩니다. 아이가 내면화하는 가치는 '나에게 중요한 일'이 아니라 '엄마와 아빠가 하기를 바라는 일'입니다.	어느 정도는 외부	원래는 시험을 잘 보려고 공부했던 학생이 이제는 자부심을 느끼거나 공부를 충분히 하지 않으면 죄의식을 느낄 테니까 공부를 하게 됩니다.
3. 인정 단계	이제 아이는 자신이 좋아하거나 친밀함을 느끼는 사람처럼 되고 싶다는 바람을 가지고 행동합니다. 아이가 되고 싶은 사람은 부모일 수도 있고 선생님이나 또래 친구일 수도 있습니다. 아이가 닮고 싶어 하는 사람의 특성은 아이 정체성의 일부가 됩니다. 자기 안에 좋아하는 사람의 특성을 강화하고 싶은 아이는 사랑하는 사람들에게 인정받고 싶어 합니다.	어느 정도는 내부	이 학생은 선생님이 정말 좋거나 아빠가 아주 훌륭한 학생이었음을 알기 때문에, 혹은 자신이 닮고 싶은 친구가 공부를 잘하기 때문에 좋은 점수를 받고 싶어 합니다. 하지만 마찬가지로 선생님이 싫거나 특히 지루한 과목이라면 시험공부를 제대로 하지 않습니다.
4. 자율 단계	학생은 자신의 가치와 목표를 받아들이고, 그 가치와 목표를 '내가 생각하는 나'라는 개념과 합칩니다. 자신이 한 행동에 책임을 지며, 재미가 있다거나 하기로 마음먹었다는 이유로 스스로 해나가기 시작합니다.	내부	이 학생은 공부에 흥미가 있기 때문에 공부한 내용을 완벽하게 익혀서 지식과 기량을 향상시킵니다. 어떤 과목을 좋아하지 않더라도 좋은 성적을 받는 것은 자기 책임임을 압니다.

당신의 아들은 게으르지 않다

아들이 어느 단계에 있건 간에, 당신이 아들을 움직이게 하는 외부의 힘으로 존재하는 한 아들은 한 단계 위로 올라가지 못한다는 사실을 반드시 명심해야 합니다. 아들에게 실패하거나 스스로 어려움을 헤치고 갈 기회를 주지 않으면 아들은 4단계로 올라갈 수 없습니다. 아들이 자신만의 열정을 찾고 그 열정을 현실로 만들 의욕과 동기를 갖게 하려면 한 가지 방법밖에는 없습니다. 부모가 숨을 깊이 들이마시고 뒤로 물러나 아들이 스스로 할 수 있게 도와주는 것입니다.

부모와 자식 사이에는
경계가 필요하다

성장하기 위해서 아들은 자신만의 견해를 가져야 하고 스스로 선택할 수 있어야 합니다. 설혹 당신 눈에는 아직 준비가 되지 않은 것처럼 보이더라도 말입니다. 그렇게 할 수 있게 도와주려면 부모가 먼저 한발 앞서 나가야 합니다. 현재의 아들을 바꾸려고 노력하는 부모가 아니라 당신이 바라는 미래의 아들이 벌써 있는 것처럼 아들을 대해야 합니다. 부모가 미리 앞서나간다는 것은 무책임하게 행동할 권리를 자유라고 생각하고 어린아이로 남으려 하는 미숙한 아들과 계속해서 갈등을 빚으라는 뜻이 아닙니다.

이제 당신의 아들은 자기 의지로 행동할 수 있는 힘이 있습니다. 자신의 행동과 선택에는 책임이 따른다는 사실을 배울 때가 되었습니다. 의미 있는 결정을 할 자유를 의미하는 자율은 하고 싶은 일은 무엇이든지 할 수 있는 방종과는 다릅니다. 자율적으로 행동한다는 것은 생각지도 못했던 나쁜 결과도 감수할 수 있어야 한다는 뜻입니다. 또한 의사 결정 과정에서 따라올 수밖에 없는 불안과 자기 회의 감정을 다스리고 일이 뜻대로 되지 않았을 때 느낄 수밖에 없는 좌절과 실망을 다독

일 수 있어야 한다는 뜻입니다. 브루스 피리가 제안한 불확실성을 다스리는 능력과 망설임 훈련은 문학 작품을 읽을 때뿐만 아니라 청소년기의 전체 성장 과정에도 적용할 수 있습니다. 아들이 의욕을 가지고 무언가를 해낼 마음을 갖게 할 최상의 방법은 스스로 생각하고 문제를 해결하는 능력(자율성)을 기를 환경을 조성하는 것입니다.

자율성을 기를 수 있는 환경을 만드는 노력은 자기 정체성을 확립할 때 필요한 추상적 사고나 자기 인식 능력이 급속도로 발전하는 청소년기에는 특히 중요합니다. 청소년들의 정체성은 부모가 알려준 가치관과 부모와는 별개로 자신이 정의한 개념이 한데 합쳐져서 형성됩니다. 어른이 되려면 아이들은 어린아이로서 가지고 있던 의존성을 서서히 어른의 자립심으로 대체해야 합니다.

자율과 부모 통제 분야의 저명한 전문가인 웬디 그롤닉 박사는 연구를 통해 지나치게 자식에게 간섭을 하는 부모와 자식이 스스로 할 수 있게 격려하는 부모를 둔 아이들을 비교했습니다. 그롤닉 박사는 지나치게 간섭하는 부모의 아이는 자기가 무언가를 직접 해야 할 때면 쉽게 포기한다는 사실을 알아냈습니다. 그들은 성적이 나빴고 부모와 더 많이 싸웠습니다. 그리고 정해진 방식으로 생각하고, 느끼고, 행동해야 할 때면 부담스러워했습니다. 그와는 반대로 스스로 할 수 있는 환경을 조성해준 가정에서 자란 아이들은 인내심이 발달했고 자기 문제를 직접 해결하는 방법을 익혔습니다. 자율적으로 행동할 수 있는 아이들은 성적도 좋았고, 지나치게 간섭하는 부모와 함께 자란 아이들보다 자기 부모를 더 좋게 생각했습니다. 그롤닉 박사는 다음과 같이 결론을 내렸습니다. "아이가 자율적으로 생활할 수 있게 돕는다면, 아이는 자신을 둘러싼 환경을 제대로 익혀야겠다는 마음을 먹을 수 있다. 자율성을 길러주면 아이들은 자신감을 가지고 자신의 세상을 통제할 수 있으며, 자신이 하는 행동을 조절할 수 있는 능력을 기를 수 있다."

다른 연구자들도 비슷한 결론을 내렸습니다. 따뜻하고 견실하고 민주적으로 자식을 다루는 가정에서 자란 청소년들은 자기가 이룩한 성취에 더 긍정적인 태도를 보이기 때문에 또래 친구들보다 학교생활을 잘했습니다. 이 아이들은 자율적으로 행동할 기회를 주지 않은 부모 밑에서 자란 아이보다 부모와의 관계도 더 좋다고 느꼈습니다. 청소년기에 누리는 자율은 자부심, 자신감, 학교 성적, 전체적인 심리적 행복에 긍정적인 영향을 미칩니다. 자율을 많이 경험하지 못한 10대들은 자립심이 부족해지고 우울증이나 낮은 자부심 때문에 문제가 생길 수도 있습니다.

많은 부모들이 아이들을 자율적으로 기르라는 것은 말이 쉽지 실천하기는 어렵다고 생각합니다. 자식이 학교 성적을 제대로 내지 못하는 문제를 해결하겠다며, 아주 많은 부모가 자식을 철저하게 통제해야 한다는 덫에 빠집니다. 학교 공부를 제대로 따라가지 못하는 아이를 돕는 것은 당연하지만, 지나친 간섭은 자율성을 해치고 결국 스스로 해야겠다는 마음을 길러주지 못합니다.

하지만 문제를 해결할 수 있는 방법이 있습니다. 아들의 내면생활(아들의 생각과 감정)을 통제하지 않고도 적절한 기대 수치와 한계를 정할 수 있는 방법이 있습니다. 통제하지 않고도 아들이 체계적으로 생활할 수 있게 해주는 방법은 다음 장에서 살펴볼 것입니다. 지금은 먼저 당신 스스로는 깨닫지 못하지만 아이들을 통제하고 있는 영역들을 살펴보려고 합니다.

지나치게 걱정하거나, 지나치게 기뻐하거나

———

부모가 어떤 방식으로 자식의 일에 개입하고 통제를 하건 간에 그 속에 숨겨진 전제는 자식의 감정 경계를 존중하지 않는다는 것입니다. 경계란 물리적 공간뿐 아니라 다른 사람에게서 생각과 감정을 분리하는 가상의 선입니다. 경계는 어떤 이야기는 해도 되고 어떤 이야기는 혼자서만 간직해야 하는지를 결정합니다. 다른 사람의 견해에 관해 의견을 제시해도 되는 때와 그렇지 않은 때를 결정합니다. 어떤 사람을 가리켜 부적절한 조언을 한다거나 거슬리는 질문을 너무 많이 한다고 말하는 것은 그 사람이 다른 사람의 감정 공간에 침범해 들어왔다는 뜻입니다.

건강한 인간관계에서는 모두 경계가 필요합니다. 특히 부모와 자녀 사이에는 경계가 있어야 합니다. 경계를 존중하는 부모는 아이를 자신과는 분리된 개별적인 사람으로 보기 때문에 아이를 존중하는 행동을 합니다. 아이의 경계를 존중하는 부모는 이런 메시지를 아이에게 전달합니다. '나는 너를 걱정하고 사랑해. 너를 감정과 자기 견해를 가진 한 사람으로서 존중해.'

경계는 다른 사람의 행복을 위해 한 사람이 얼마만큼의 책임을 져야 하는지를 결정합니다. 아이가 자신과 분리된 개별적인 사람이라는 인식을 못하고 아이의 삶에 지나치게 많이 개입할 때, 부모는 아이의 경계를 침범합니다. 한 사람과 아주 가까우면 가까울수록 사람들은 그 사람의 짐을 자기 짐으로 떠맡을 가능성이 커집니다. 물론 그런 식의 보살핌이 필요할 때도 있습니다. 갓난아기인 아들이 전적으로 당신에게 의존할 때 말입니다. 그때는 아기 울음소리만 듣고도 아기가 원하는 것을 귀신같이 구별해낼 수 있습니다. 하지만 아이가 성장하면 감정 경계가 생기고 독립심과 자립심이 함께 자랍니다.

다음은 당신과 10대 자식 사이에 적절한 경계가 세워져 있는지를 체크하는 질문입니다.

- 혹시 아이를 행복하게 하거나 슬프게 만드는 일을 지나치게 걱정하거나 그 생각에 사로잡혀 살지는 않습니까? (아이가 행복하게 자랄 수 있게 해주는 것은 부모의 책임입니다. 하지만 아이를 보살피는 것과 끊임없이 바뀌는 아이의 기분을 걱정하며 사는 것은 차이가 있습니다.)
- 아이가 고통을 받을 때 너무나 괴롭거나 아이가 해낸 일에 지나치게 기뻐하지는 않습니까?
- 당신의 10대 아이가 당신과 분리되려고 할 때, 그에게 사적이고도 감정적인 공간이 필요하다는 사실을 존중합니까?
- 아이가 맡아야 할 책임을 당신이 지나치게 많이 떠맡고 있다는 생각이 들지는 않나요?
- 아이의 사생활을 존중해주나요?
- 화가 났을 때도 아이를 점잖게 대하나요? (정중함은 사회에서 가장 필요한 경계 가운데 하나입니다.)

지나치게 관여하는 부모를 부르는 명칭은 아주 많습니다. 아이 주

위에서 떠나지 않는 '헬리콥터 부모'를 비롯해 아이를 구하려고 매처럼 날아드는 '흑매 부모', 가족 일이라면 자신이 무조건 먼저 알고 처리해야 하는 '전화기 교환원 부모' 등 다양한 표현이 있습니다. 스웨덴에서는 지나치게 간여하는 부모를 '컬링 부모'라고 부릅니다. 아이 앞길에 방해가 되는 일이라면 무조건 쓸어버리기 때문입니다. 최근에는 그리넬대학교의 휴스턴 도가티Houston Dougharty가 신입생 부모에게 절대로 되지 말라고 경고한 '벨크로 부모'라는 표현도 있습니다. 그리고 이제는 '드론 부모'라는 유형도 생겨나고 있습니다.

물론 아이 생활에 부모가 개입하는 일은 절대로 나쁜 일이 아닙니다. 현재 세대의 부모가 아이들을 돌보는 방식을 지나치게 나쁘게 묘사하는 것은 공정하지 않을 수도 있습니다. 지금 우리가 아이를 돌보는 데 들이는 시간과 에너지 덕분에, 과거 세대와는 달리 우리는 아이와 더욱 풍성한 관계를 맺고 있습니다. 아이가 감정적으로 잘 자라려면 부모의 개입이 반드시 필요합니다. 하지만 문제는 좋은 것도 지나치면 문제가 될 수 있다는 점입니다. 아들 인생에 적절하게 개입하면 그에게 충분한 자율성을 길러줄 수 있습니다. 하지만 아무리 의도하지 않았다고 해도 부모가 개입하는 정도는 과도해질 수 있습니다. 부모는 자신의 양육 방식이 아이 문제에 어떤 식으로 기여하는지, 지나치게 의존하고 반항하고 지레 포기하는 아이의 태도에 어떤 영향을 미치고 있는지를 반드시 고민해야 합니다.

펜웨이 부인이 딱 맞는 예를 보여주었습니다. 의욕이 전혀 없는 10대 아이들의 많은 부모처럼 펜웨이 여사도 아무리 애를 써도 아들이 협조할 생각을 하지 않는다는 사실에 무기력해져 있었습니다. 펜웨이 부인은 재스퍼가 집에서는 거의 하는 일이 없다는 사실을, 아침이면 그를 일으켜 세워 학교에 보낼 준비를 하는 게 얼마나 어려운지를 하소연하면서 힘들어했습니다. 펜웨이 부인과 재스퍼는 거의 매일 싸웠습니다. 재스퍼는 걸핏하면 통학 버스를 놓쳤기 때문에 펜웨이 부인이 자동차로 데려다주어야 했습니다. 가족 상담을 하는 동안 우리는 부인이 하소연하는 내용에 집중하면서 옷에 관한 이야기도 나누었습니다. 그러다 우연히 나는 재스퍼에게 학교에 입고 갈 옷은 어떻게 고르는지 물었습니다. 그러자 한 치의 주저함도 없이 펜웨이 부인이 끼어들더니 "아, 얘가 입을 옷은 내가 매일 아침 침대 위에 올려놔요."라고 말했습니다. 재스퍼는 열다섯 살이었는데도 말입니다. 물론 펜웨이 부인은 극단적인 예이지만, 이 이야기를 통해서 한 가지 사실은 알 수 있습니다. 제대로 해내지 못하는 10대 아이들의 이야기는 그저 '게으른 10대 아이들'의 문제가 아닙니다. 바로 부모와 자식의 문제입니다.

아들에게 구명조끼를
던져줘야 하는 순간

지나친 양육은 보통 두 가지 형태를 띱니다.
너무 많은 말을 하는 양육과 너무 많은 일을 하는 양육입니다. 물론 지
나치게 많은 말을 하고 지나치게 많은 일을 하는 부모도 있습니다. 지
나치게 말을 많이 하는 부모는 자기 견해를 지나치게 많이 드러냄으로
써 아이에게 부정적인 영향을 미칩니다. 말이 많은 부모는 "잔디는 대
각선으로 깎는 거야. 가장자리랑 일렬로 늘어서게 자르는 것보다 그게
훨씬 좋아."라든가 "넌 파란색을 입어야 멋져. 지금 입은 옷 말고 파란
색 스웨터로 바꿔 입는 게 좋겠다."라는 식으로 끊임없이 자기 생각을
아이에게 강요합니다.

말이 많은 부모가 가장 많이 하는 말은 '~하는 게 좋다.' 혹은 '반드
시 ~해야 한다.'입니다. 말이 많은 부모는 아이의 일을 비평하는 것이
부모의 의무와 권리라고 생각합니다. 이 부모들은 아이들이 특정 활동
을 하는 일, 정해진 방식으로 보고서를 시작하는 것, 사교 모임에 참석
하는 일이 절대적으로 중요하다고 생각할 때가 많습니다. 그들은 아이
가 행복하고 성공한 삶을 살게 하겠다는 좋은 의도를 가지고 자신이 정

해놓은 규정대로 아이를 기릅니다. 하지만 이런 지나친 간섭 때문에 10대 아이는 자신의 의견을 내고 스스로 생각하는 능력을 빼앗깁니다.

나를 찾아온 한 10대 내담자는 아버지가 자신과 친구들이 만든 블로그를 아버지 마음대로 꾸미려고 한다고 불만을 터트렸습니다. 그의 아버지는 "스포츠 이야기를 올리면 안 돼. 정치 이야기를 써야지." 같은 말로 아이들의 블로그 내용에 간섭을 했고, 어떤 제목으로 어떤 내용을 올려야 하는지까지 결정하려고 했습니다. 아버지의 행동은 내담자가 아버지에게 경계를 짓기 전까지 계속됐습니다. 결국 아이는 아버지에게 자기 블로그에 참견하지 말라고 말했습니다.

너무 많은 일을 해주는 부모는 아이 문제에 재빨리 끼어들어 아이 대신 해결합니다. 아이 뒤에서 사고 방지용 둑처럼 버티고 있을 때가 너무 많습니다. 아이가 숙제를 놓고 가거나 교복을 두고 갔을 때마다 학교로 달려가고, 아이가 공부할 수 있는 귀중한 시간을 벌겠다며 모든 집안일을 혼자서 부지런히 해치웁니다. 이런 부모는 자신의 희생을 자랑스럽게 생각합니다.

아이에게 구명조끼를 던져주는 일이 필요할 때도 있습니다. 하지만 아이를 구출하겠다며 끊임없이 나서는 양육 방식은 아이를 약하게 만듭니다. 그런 부모 밑에서 자란 아이는 언제나 부모의 영향 아래에 놓여 있기에 스스로 문제를 푸는 방법을 배우지 못합니다. 더 나쁜 것은 그 때문에 자신이 혼자서는 문제를 해결할 수 없는 사람이라는 잘못된 생각을 하게 된다는 점입니다. 최근에 한 선생님은 나에게 "톰의 부모님이 톰을 너무 많이 돕기 때문에 톰은 자신이 될 수 있는 방법을 배울 기회가 없어요."라고 했습니다. 벨크로 부모의 아이들은 자신의 직감,

바람, 능력을 믿는 법을 결코 배우지 못합니다. 이 아이는 또한 언제나 자신이 필요한 것을 충족해줄 사람이 옆에 있으리라고 믿게 됩니다. 또한 자신이 노력하기 때문이 아니라 자신에게 당연한 자격이 있기 때문에 자신을 도와줄 사람이 늘 옆에 있으리라고 믿게 됩니다.

좌절과 불안, 혼란을 잘 다스리는 사람이 가장 성공합니다. 이런 부정적인 감정은 동기를 유발하는 아주 강력한 원인입니다. 부모가 늘 아이 대신 문제를 해결해주고 아이 대신 변명을 해주고 아이에게 세 번째, 네 번째 기회를 주고 아이가 스스로 해야 할 일을 대신 해준다면 아이는 경험을 할 수 있는 기회를 결코 잡을 수 없을 테고 삶에 도움이 되는 좌절을 극복할 기회도 얻을 수 없습니다.

더구나 매들린 레빈Madeline Levine의 말처럼 "아이를 왕처럼 대우하면서 아이의 역할을 좋은 성적을 받아 가족의 명예를 드높이는 것"이 중요하다고 생각하며 양육하면 아이는 학자가 아니라 결국 프리마돈나가 됩니다. 자격을 갖춘 권리entitlement라는 단어는 원래 재산이나 소유물에 정당한 권리가 있다는 뜻이었습니다. 하지만 이제는 "숙제를 끝내야 하니 어떤 집안일도 할 시간이 없다."라는 아들의 주장처럼 불법적인 요구를 하는 수단으로 변질되고 말았습니다.

보상과 칭찬이 독이 되는 경우

보상과 칭찬이 10대 아이들의 행동을 통제하는 또 다른 방법이라는 사실을 깨닫지 못한 부모들이 많습니다. 보상과 칭찬은 도움이 될 때도 있지만 보상을 약속하는 행위 또한 스스로 의욕을 가질 기회를 줄어들게 합니다. 데시와 라이언은 가만히 두어도 즐기면서 자연스럽게 하게 될 일에 보상을 약속하면 스스로 해야겠다는 의욕이 사라진다는 아주 놀라운 사실을 발견했습니다. 보상이 창의성을 떨어뜨리며 생각을 깊이 하고 복잡한 문제를 푸는 능력을 떨어뜨린다는 연구 결과도 나와 있습니다. 숙제를 끝내면 5달러를 주겠다는 제안은 단기적으로는 아이를 움직일 수 있습니다. 하지만 곧 아이는 과제를 수행하는 일은 그저 결과를 내기 위한 수단일 뿐이며, 가장 중요한 것은 과정이 아니라 보상이라는 생각을 하게 됩니다. 보상은 그 보상을 받을 수 있는 동안에는 어느 정도 실적을 낼 수도 있지만 장기적으로는 성공하고 싶다거나 어떤 일을 해내야겠다는 결심으로는 이어지지 않습니다.

아들이 커가면서 자꾸만
멀어지는 느낌이 든다면

이제 지나치게 통제하는 부모의 역할이 어떤 위험을 초래하는지 충분히 알았으니 아이의 자립심을 길러줄 수 있는 방법을 알아보도록 합시다. 가장 먼저 알아야 할 점은 자율성은 선물이라는 것입니다. 독립심을 기르는 순간 자율성도 함께 길러집니다. 부모는 궁극적으로는 아이들에게 힘을 발휘할 수 있지만 이 힘은 수년(하지만 다행스럽게도 그리 길지는 않은 시간) 동안 서서히 아이에게 전달되어 아이는 자신을 돌볼 수 있는 사람으로 자라납니다.

꾸준히 아이 일에 적절하게 관여하면서 아들 스스로 할 수 있도록 돕고 적당한 한계를 세우고 아들에게 기대를 거는 일은 결코 쉽지 않습니다. 하지만 그것이 부모로서 아이에게 해야 하는 가장 중요한 일인지도 모릅니다. 그것만이 아들이 자기 야망을 발견하고 자기 행동에 책임을 지며, 다시 공부를 시작할 수 있는 유일한 방법입니다.

자신을 돌볼 수 있게 돕는 것은 중요한 여정의 시작입니다. 자율성을 길러주기 위해서는 다음과 같은 태도가 필요합니다.

- 아들이 직접 선택할 수 있게 해주어야 합니다. 아들에게 기회가 있을 때마다 스스로 결정을 내릴 수 있게 해야 하고, 당신이 결정한 일에는 아들이 의견을 표현할 수 있어야 합니다. 그것이 민주적인 양육 방식입니다. 아이에게 최종 결정권이 없다고 해도 당신이 결정권을 가진 독재자가 될 필요는 없습니다. 아들에게 반대 의견을 제시할 권리를 인정해야 합니다.

- 즉각 구조하는 부모는 되지 않아야 합니다. 아들에게 문제가 생길 때마다 재빨리 나서서 해결하는 부모가 되면 안 됩니다. 아들에게 기회를 주어야 합니다. 아들이 먼저 나서서 문제를 해결할 마음을 먹지 않는 이상 당연히 쉬운 일은 아닙니다. 하지만 당신이 아니라 세상을 통해 배울 기회를 마련해주어야 합니다. 아들이 자라고 자기가 한 행동을 책임지려면 자신의 선택이 불러오는 결과와 대면해야 합니다.

- 아들이 자기 견해를 갖게 해주어야 합니다. 아들이 그런 생각을 하게 된 이유를 설명해 달라고 부탁하고, 어째서 그런 식으로 느끼게 되었는지 말해달라고 요청해야 합니다. 아들 의견에 반드시 찬성할 필요는 없지만 스스로 생각할 수 있는 아들의 권리는 존중해야 합니다. 아들이 당신과 같은 견해를 가져야 한다고 압력을 행사할 필요는 없습니다. 생각해보세요. 지금 당신은 10대였을 때, 혹은 20대였을 때 했던 생각을 변함없이 간직하고 있나요? 살아오면서 몇 가지 새롭게 알게 된 일이 있을 겁니다. 당신이 아들에게 기회를 준다면 아들도 살아가면서 새로운 교훈을 얻을 수 있습니다.

- 아들이 특별한 활동을 거부할 자유를 주어야 합니다. 아들이 반대 의견

을 낸다고 해서 꼭 하지 않겠다고 거부하는 것은 아닙니다. (아들 말에 반박하지 말고) 반대 의견을 마음껏 말할 수 있는 자유를 주면 마음이 풀어진 아들은 오히려 협조적으로 나올 것입니다. 아들의 상황은 야구 경기장에서 핫도그를 파는 점원에게 돈을 내밀면서 야구 경기장에서 왜 이렇게 비싼 핫도그를 파느냐고 투덜대는 것과 비슷합니다.

• 건물이 아니라 발판이 되어주어야 합니다. 간신히 성공할 수 있거나 살짝 모자란 만큼만 도움을 주어 아들이 스스로 어떤 자원을 가지고 있는지 깨닫게 해주어야 합니다. 어쨌거나 건물을 세워야 하는 사람은 아들임을 명심하세요.

개입하고 싶은 마음을 참아야 한다

당신이 아들의 권리를 인정해주고 있다는 확신이 들 때 아들은 훨씬 편안하게 당신의 권위를 받아들이며 싸움도 덜 하게 됩니다. 아들이 자라면서 당신과 점점 더 멀어진다고 느낀다면 한 가지만 명심하세요. 당신이 아들을 한 사람으로서 존중할수록 아들은 감정적으로 당신과 이어진 상태를 유지하리라는 사실을 말입니다.

아들이 아직 어리며 '틀린' 결정을 내린다고 걱정해 사소한 부분까지 통제하고 잔소리를 한다면, 그는 스스로는 어떤 일도 하지 못한다고 생각할 것입니다. 어떤 일이 있어도 당신에게 의지하려고 할 것입니다. 그렇게 되면 당신이 아들의 인생에 개입하려고 할 때마다 막대한 대가를 치러야 합니다. 아들은 당신에게 존중받고 이해받는다는 느낌 대신에 통제받고 구속당하고 조종당한다는 느낌을 갖게 됩니다. 아들이 당신과 거리를 벌리려 하면 할수록 당신은 더욱 개입합니다. 이제는 알고 있겠지만, 아들은 당신에게 대항할 완벽한 무기를 가지고 있습니다. 자기 분노를 표출하고 (가짜) 독립성을 주장할 완벽한 방법을 알고 있습니다. 지레 포기하고 마는 것입니다.

이제부터는 아들에게 더 나은 선택권을 줍시다. 당신이 부모로서 앞서 나가면 미숙하고 '게으른' 아들이 있으리라고 생각했던 자리에 서 있는 아들을 보고 깜짝 놀라게 될 것입니다. 그는 당신이 자신에게 심어준 모든 가치를 받아들여 독특한 자기만의 가치로 만들어서 스스로를 완성해나갈 것입니다.

8장

10대 아들과 대화하는 법

서둘러 성장해야 할
이유는 없다

닉과 부모님에게는 아주 슬픈 가을이었습니다. 고등학교 2학년이 된 닉의 평점은 3.0에 불과했습니다. (미식축구를 비유로 들자면) 부모님은 닉이 몇 미터만 더 깊숙이 들어가서 터치다운 하기를 바랐습니다. 그래야 대학교에 지원할 때 더 유리하기 때문입니다. 닉도 부모님이 무슨 걱정을 하는지는 충분히 알고 있었지만 오래 전에 부모님이 하는 말을 흘려듣는 법을 익혀둔 터였습니다. "앞으로 어떻게 살아갈지 걱정도 되지 않니?"라든가 "우리가 너랑 네 동생한테 이런 기회를 만들어주려고 얼마나 희생하는지 알잖아." 같은 말을 하는 부모님에게 닉이 뭐라고 할 수 있을까요? "당연히 알지."라는 말은 적절한 대답이 아니었습니다. 부모님이 대학교 걱정을 할 때마다 닉의 불안은 커져만 갔습니다. 무기력해지거나 죄책감을 느끼고 있는 것보다는 유튜브를 보는 것이 훨씬 나은 선택이었습니다.

어느 금요일 아침, 부엌에서 닉의 부모님은 식탁에 놓인 편지를 발견했습니다. 닉이 쓴 편지였습니다.

엄마, 아빠에게

학교에서 이제 곧 학업 성취도 보고서를 나누어준대. 그걸로 대학교 진학 여부를 알 수 있는 것도 아니고 내 최종 성적표도 아니야. 그냥 올해 내가 어느 정도 했는지 알려준대. 아직 제출하지 않았다고 적힌 숙제들은 지금도 열심히 하고 있다는 것만 알아줬으면 해. 숙제는 모두 이번 주 안에 끝낼 거야. 나는 엄마, 아빠가 각자의 일에 신경을 썼으면 좋겠어. 나도 학생으로서 내가 뭘 해야 하는지 잘 아니까. 읽어줘서 고마워. 아무튼 엄마, 아빠가 즐거운 주말을 보냈으면 좋겠어. 둘 다 모두 정말 사랑해. 지금까지 나를 잘 길러줘서 고마워. 앞으로도 계속 부탁해.

– 사랑하는 아들 닉이

닉의 편지를 받고 나서야 마침내 닉의 부모님은 "아들이 더 많은 일을 하게 하려면 부모가 더 적게 해야 한다."라는 말의 지혜를 받아들였습니다. 이런 인식의 변화는 마지막으로 일어나야 하는 패러다임 전환입니다.

부모의 위험한 착각

이제부터는 몇 가지 오해를 더 타파해 아들 머리 위에서 맴도는 헬리콥터를 착륙시켜 다시는 떠오르지 못하게 합시다.

'나는 다른 사람을 바꿀 수 있다.'

아니, 없습니다. 말을 학교까지 끌고 갈 수는 있지만 그 말을 생각하게는 할 수는 없습니다. 생각을 하고 말고는 그 말이 결정할 일입니다. 거칠게 밀어붙일수록 아들은 거세게 저항할 것입니다.

'같은 질문을 계속 반복하면 결국에는 답을 얻을 수 있다.'

"왜 더 열심히 하지 않는 거니?"라든가 "숙제는 했니?" 같은 질문은 답을 얻을 수도 없을 뿐더러 아들의 분노를 키울 수 있습니다. 이제는 다른 방식으로 아들과 대화해야 합니다. 그 방식을 알고 싶다면 계속 읽어나가세요.

'부끄럽게 만들거나 죄책감을 들게 하면 한 사람을 바꿀 수 있다.'

"비난하지 말고 문제를 해결하라."라는 오랜 격언이 있습니다. 이미 당신은 수치심이 남자아이들에게 얼마나 치명적인지 잘 알고 있습니다. 자신이 무능하고 부족한 사람이라는 생각이 들수록 남자아이들은 거짓 가면 뒤로 몸을 숨겨버립니다. 제가 아주 좋아하는 작가 하임 기노트는 다음과 같이 말했습니다. "문제 해결 시간을 아이 성격이나 인격을 언급하면서 잔소리를 늘어놓는 시간으로 만들면 안 된다. 아이를 돕는 시간으로 만들어야 한다." 앞서 아들이 읊어볼 수 있는 진언을 몇 가지 말씀드렸습니다. 이번에는 당신이 읊조릴 수 있는 주문을 하나 소개하겠습니다. "비난도 안 돼. 수치심도 안 돼."

'시간이 없다.'

시간이 없다는 생각은 부모가 할 수 있는 가장 비효율적인 생각입니다. 아들 문제는 오늘 모두 해결해야지 내일이 되면 고쳐주지 못하리라고 생각하는 것 말입니다. 이런 공포 때문에 많은 부모가 아이들의 일에 개입하고 아이를 통제합니다. 하지만 아이는 계속해서 자라고 있기 때문에 오늘의 행동만 가지고는 그가 어느 정도까지 해낼 것인지 예측할 수 없습니다. 열다섯 살 아이를 스무 살 인생에 이식하면 실패할 수밖에 없습니다.

아들이 1학년일 때 선생님은 나에게 "1학년 때는 가만히 앉아 있지 않아도 되지만 내년에는 얌전하게 앉아 있어야 합니다."라고 했습니다. 2학년 선생님도, 3학년 선생님도, 4학년 선생님도 같은 경고를 했습니다. 하지만 정말로 가만히 앉아 있어야 할 때가 되자 아들은 아무 문제없이 앉아 있을 수 있었습니다. 아들이 자신을 조절하고 결함을 고치는 방법을 배우려 한다면 당신이 아들 대신 모든 책임을 질 수는 없습니다.

부모의 불안을 어떻게 관리할 것인가

이제 낡은 양육 방식인 헬리콥터, 컬링, 드론 방식은 반드시 바뀌어야 합니다. 아들은 게으르지 않습니다. 하지만 어느 정도는 자신에게 특권을 누릴 권리가 있다고 생각합니다. 좋은 부모란 밤낮없이 아이들이 필요한 것이 무엇인지를 걱정하고 그 부분을 채워주려고 자신의 온 시간을 소비하는 부모가 아닙니다. 우리가 세운 새로운 패러다임에서는 좋은 부모란 성인이 되었을 때 자기 감정을 관리할 수 있도록 아이들이 충분히 혼란스러워하고 좌절하고 자신을 의심할 시간을 주는 부모입니다. 좋은 부모는 아이들이 분리되어가는 과정을 존중하고 아이들이 자기 품에서 떠나는 것을 두려워하지 않습니다.

지금까지 당신은 틀린 문제를 고치려고 애써왔습니다. 당신의 해법이 효력을 발휘하지 못한 이유는 그 때문입니다. 당신의 아들은 게으르지도 않고 의욕이 없지도 않습니다. 양가감정을 가지고 있고 자신이 특권을 누릴 권리가 있다고 생각하는 것뿐입니다. 아이가 가지고 있는 진짜 감정을 관리할 수 있도록 도와준다면 다른 문제들은 저절로 해결될 것입니다.

양가감정은 아주 다루기 힘든 감정입니다. 싸움을 피하려고 하는 행동이 오히려 싸움을 불러일으키게끔 만드는 감정입니다. 당신은 '변화를 수비하는 사람'이 되어서는 안 됩니다. 당신은 아들이 스스로 변화할 수 있는 능력을 기르고 성숙할 수 있도록 돕는 사람이 되어야 합니다. 아들에게는 여전히 부모가 정해주는 한계와 부모가 주는 기대가 필요합니다.

하지만 부모의 이런 메시지는 긍정적인 마음과 함께 전달되어야 합니다. 아이가 첫 걸음을 떼었을 때 환호해주었던 것처럼, 유치원에 입학하는 날 아들이 안심할 수 있도록 눈물을 꾹 참았던 것처럼, 아들은 문제를 해결할 능력이 있고 결국 성공하리라는 믿음을 함께 전해주어야 합니다. 당신이 아들에게 줄 수 있는 가장 좋은 선물은 현재의 아들이 호르몬으로 가득 찬 억제되지 않은 에너지 덩어리임을 받아들이고 아들의 미래를 믿어주는 것입니다.

무엇이든지 단번에 고칠 수 있는 방법은 없습니다. 모두 과정입니다. 서둘러 성장해야 할 이유는 없습니다. 당신에게는 충분한 시간이 있습니다. 아들이 성장하는 과정은 오늘 시작할 수도 있지만 졸업 모자를 쓸 때까지도 끝나지 않을 수도 있습니다. 그리고 대학교에 갔을 때는 아주 크게 성장할 수도 있습니다. 주문을 외웁시다. "서두르지 말고 천천히!"

아들을 변화시키기 위해서는 당신의 불안을 관리해야 합니다. 부모라면 아이를 걱정하지 않을 도리가 없습니다. 하지만 당신이 상상하고 있는 재앙과 현실에서 해야 할 걱정을 분리해버리면 너무나도 빨리 아들을 구출하려고 애쓰거나 통제하게 됩니다.

자, 이제부터 아들이 처할 수 있는 최악의 사태를 상상해봅시다. 가능하면 아주 상세하게 적어봅시다. '우리 아들은 대학교에 가지 못할 거야. 반지하 셋방에서 살면서 침대에 드러누워서 비디오 게임이나 할 거야.'처럼 말입니다. 이런 식의 암울한 상상은 현실을 왜곡합니다. 이런 해로운 상상을 지우려면 조금만 논리적으로 생각한다는 해독제가 필요합니다. 자, 이제부터는 해독제를 살펴봅시다.

아들이 처할 수 있는 최악의 사태를 상상하면서 다음의 표를 채워봅시다. 다른 많은 부모들처럼 당신도 여러 가지를 상상하고 있을 것입니다. 부록에는 '걱정 표'를 실었습니다. 표 안에 내용을 채우는 동안 매일 쌓이는 걱정을 조금은 해소할 수 있을 것입니다.

아들에게 일어날 수 있는 최악의 사태	그런 사태가 일어날 수 있는 가능성	실제로 최악의 사태가 일어났을 때 해결할 수 있는 방법	아들은 어떻게 대처할까?
대학교에 결국 진학하지 못한 아들은 하루 종일 비디오 게임만 한다.	없다. 대학교는 많은 유형이 있다. 아들은 어느 곳이든 들어갈 것이다.	전문가의 도움을 받고 아들이 직업을 갖게 해 월세를 내게 할 것이다. 결국 아르바이트에 진력을 뺀 아들은 정신을 차릴 것이다.	친구들과 다른 자신의 삶에 공포를 느낄 것이다. 결국 해야 한다는 마음을 먹고 다시 시작할 것이다.
대학교에는 가겠지만 성적이 낮아서 쫓겨날 것이다.	없다. 나이가 들고 좀 더 성숙해지면 분명히 공부를 즐기는 사람이 될 것이다.	아들은 치료를 받고 직업 훈련을 받고 직장에 다니다보면 다시 대학교에 돌아갈 마음을 먹을 것이다.	대학교에서 쫓겨났다는 사실에 기분이 좋지 않을 것이다. 결국 다시 해야 한다는 의욕이 생겨 대학교로 돌아가게 될 것이다.

당신의 아들은 게으르지 않다

아들에겐 수많은 장점이 있다

다음 표를 보면서 아들의 장점을 생각해봅시다. 아들이 가지고 있는 장점이라면 아무리 조금만 보이는 장점이라고 해도 모두 동그라미로 표시하도록 합니다. 그리고 가장 두드러진 장점을 다섯 개 골라 밑줄을 긋거나 좀 더 분명하게 표시해봅니다. 바로 그 장점들이 결국 아들을 성숙하게 해주고, 당신이 생각하는 최악의 사태를 막아줄 것입니다.

장점 목록

솔직함	열정적	유연함	인내심	정직
활동적	능숙함	집중력	끈기	강인한 체력
적응력	사려 깊음	너그러움	밝음	감사하는 마음
모험심	자신감	진보적	활기참	빈틈없음
다정함	배려심	자유	재빠름	친절함
긍정적	용기	행복함	논리적	굳셈
기민함	창의적	건강함	포용력	사람을 신뢰함
생동감	결단력	희망적인	느긋함	신뢰할 수 있음
야망	헌신적	상상력	믿을 만함	진실함

안정적	결의	독창적	지략	이해심
적극적	고집	지능	책임감	독특함
확실함	근면함	풍부한 지식	민감함	멈추지 않음
주의력	행동가	사랑스러움	손재주	다재다능
대담함	노력가	성숙함	사교적	활발함
용감함	성실함	개방적임	단호함	선견지명
영리함	효율적임	낙관적	강한 정신력	솔선수범
유능함	정열적	체계적	자발적	애교 있음
신중함	재미있음	조직적	안정적	현명함
명랑함	충실함	격정적	충직함	재치
현명함	두려움이 없음	참을성	차분함	호기심

당신은 말하는 사람이 아니라 질문하는 사람이 되어야 합니다. 아들은 자기 미래를 예언하는 무시무시한 말이나 열심히 공부하라는 명령을 한 귀로 듣고 한 귀로 흘립니다. 당신은 지금까지 아들을 짜증만 나게 만드는 잘못된 방식으로 대화해왔습니다. 아들이 당신의 말을 듣게 할 유일한 방법은 당신이 먼저 아들 말을 듣는 것뿐입니다. 10대 아이들은 특히 자기 말을 들어주는 일에 민감하고도 심각하게 반응합니다. 당신이 하는 말도, 자신이 하는 말도 아들에게는 중요하지 않습니다. 아들에게 중요한 것은 자신이 말했을 때 당신이 보이는 반응입니다. 제대로 들어주기만 한다면 아들에게 공감을 표현할 수 있습니다. 듣기는 아들의 자립심을 길러 스스로 문제를 풀 수 있게 해주는 가장 좋은 방법입니다.

불교 승려이자 스승인 틱낫한Thich Nhat Hanh은 "이해야말로 사랑의 다른 이름입니다. 이해하지 못했다면 사랑할 수도 없습니다."라고 했습니다. 아들에게 당신이 아들의 견해를 (찬성하지는 않는다고 해도) 이해하고 있으며 아들 마음속에 있는 생각을 자유롭게 말할 권리를 존중하고 있음을 알려주어야 합니다. 당신이 객관적이며 아들에게 공감하고 있고 판단을 하지 않는다는 사실을 아들이 진심으로 믿으려면 조금 오랜 시간이 필요합니다. 하지만 그것만이 아들이 기꺼이 당신 말에 귀를 기울이게 하는 방법임을 명심해야 합니다. 적은 것이 더 좋다는 진리를 반드시 기억하시길 바랍니다. 아들은 자율권이 존중받을 때에만 당신과 대화를 할 것입니다. 항상 공평한 자세로 당신을 통제할 수 있어야 합니다.

지금 당장 익혀야 하는 가장 중요한 대화 기술은 '멈춰야 하는 때를 알기'입니다. 단계마다 아들이 싸우려 든다면 당신의 대화법이 틀렸거나 아들이 아직 당신 이야기를 들을 준비가 되어 있지 않다는 뜻입니다. 세게 끌어당기기(와 밀기)는 저항만 커지게 합니다. 아들이 거세게 저항하려고 들 때는 '멈추고 떨어뜨린 뒤에 굴러가기'를 해야 합니다.

그 상황을 평가하려고 하지 마세요. 아들이 거칠게 싸우려고 들거나 꼼짝도 하지 않으려고 하거나 다른 사람을 비난하거나 그냥 입을 다물고 아무 대꾸도 하지 않는다고요? 만일 그렇다면 현재 대화 방법이나 질문 유형, 규칙을 버리세요. 그리고 아들의 저항에 유연하게 대처하세요. 그렇지 않으면 아들은 더 심하게 저항할 것입니다. 아들과 벌이는 논쟁을 멈추고 아들이 무엇 때문에 그런 반응을 보이는지 이해한다고 말해주세요.

또 다른 중요한 대화 기술은 '생산적인 방향으로 계속해서 대화하기'입니다. 생산적인 대화를 하려면 대화를 끝내버리는 다음과 같은 행동을 하면 안 됩니다.

- 비판하거나 비평하기
- 당신을 예로 들어 설명하기
- 아들의 감정이나 처지를 대수롭지 않게 만들기
- 충고하기
- '게으르다'거나 '감사할 줄 모른다'고 비난하기
- 지시를 하거나 명령하기
- 협박하기
- 논리를 들어 논쟁하면서 설득하려고 하거나 잔소리하기
- "너는 ~을 해야 한다." 같은 말로 해야 할 행동을 규정하면서 설교하기

하면 안 되는 말을 나열한 긴 목록을 보면서 당신은 '그럼 무슨 말을 해?'라는 생각을 하고 있을지도 모르겠습니다. 바로 그렇습니다! 25 대 75 규칙을 명심해야 합니다. 아들과 대화할 때 당신은 말하기는 25퍼센트, 듣기는 75퍼센트가 되도록 해야 합니다.

입을 다물게 하는 질문, 입을 열게 하는 질문

―

좋은 청취자가 되려면 EAR 기술을 익혀야 합니다. EAR이란 아들이 자세하게 자기 생각과 기분을 말할 수 있도록 격려해주고(encourage elaboration) 아들에게 긍정적인 태도(affirm)로 반응하면서 아들이 하는 말을 반영(reflect)해 아들이 하는 말을 당신이 이해하고 있음을 알려주

는 듣기 기술입니다. EAR 기술은 원래 약물 중독을 치료하는 가장 좋은 방법은 약물 중독자가 그만해야겠다는 생각을 하게 만드는 것임을 깨달은 심리학자들(W. R. Miller, S. Rolnick)이 처음 개발했습니다.

아들이 자기 마음을 상세하게 말할 수 있도록 격려해주세요. 입을 다물게 하는 질문이 아니라 입을 열게 하는 질문을 해야 합니다. 입을 다물게 하는 질문이란 '그렇다'나 '아니다'로 대답할 수 있는 질문입니다. 좀 더 자세한 이야기를 듣고 싶다면 입이 열리게 하는 질문을 해야 합니다.

입을 다물게 하는 질문	입을 열게 하는 질문
좋은 점수를 받고 싶기는 한 거야?	지금 성적을 어떻게 생각하니?
좀 더 열심히 공부하면 성적이 좋아지지 않을까?	성적을 올리려면 어떻게 해야 할까?
만날 아빠, 엄마 잔소리 듣는 게 지겹지도 않아?	우리에게 너를 위해서 더 나은 일을 할 수 있는 방법을 조언해주겠니?

아들이 많은 이야기를 하게끔 만드는 방법은 또 있습니다. 설명해달라고 요구하기("내가 이해할 수 있게 도와주렴."), 세부적으로 물어보기("왜 역사 선생님을 미워하는지 이유를 세 가지만 말해줄래?") 등이 그 예입니다. 물론 그런 식으로 물어봐도 아들은 아주 짧게 대답할 수도 있습니다. 그럴 때면 당신은 "조금만 더 말해줄래?"라며 아이를 재촉할 수도 있습니다. 하지만 너무 재촉하지는 마세요. 아이가 단답형으로만 대답하거나 아무 대답 없이 그저 신음소리를 내뱉을 때에는 당신이 말을 하면 됩니다. 다음과 같이 말할 수도 있습니다.

당신: 요즘 성적이 어떤지 말해줄래?

아들: 좋아.

당신: 조금만 더 자세하게 말해봐.

아들: 좋아. 잘할 수 있을 거야.

당신: 어떻게?

아들: 그냥 숙제에 집중하기는 힘든 것뿐이야.

아들의 이야기를 긍정적인 자세로 들어야 합니다. 아들 이야기를 들을 때는 당신이 아들 편임을 충분히 알릴 수 있도록 긍정적이고도 적극적으로 반응해야 합니다. "그렇게 말하는 걸 들으니 기쁘다."라든가 "네가 우리랑 의견을 나누는 게 쉽지 않다는 걸 잘 알아." 같은 말을 해주어야 합니다. 가능하면 앞에 나온 표에서 확인한 아들의 장점을 연결해서 말해주세요.

당신: 너희 아빠랑 나랑 요즘에 네가 정말로 자기인식 능력이 크게 발달했다는 이야기를 했어. 지금 너랑 이야기를 해보니까, 왜 그런 건지 이유를 알겠다.

당신이 아들의 말을 충분히 이해했음을 알려주는 (질문이 아니라) 대답을 함으로써 아들이 자신이 한 말을 다시 생각해볼 기회를 주세요. 이 기술을 미러링mirroring이라고 합니다. 가장 간단한 기술은 아들이 한 말을 그대로 다시 따라하기입니다. "음, 집중하기가 정말 어렵구나."라든가 "자꾸 다른 생각이 든다고?" 같은 말을 하는 것입니다. 아들의 말을

당신의 아들은 게으르지 않다

제대로 반영해주면 아들 마음 속 깊숙한 곳에 있는 감정도 알아낼 수 있습니다. 다음처럼 말입니다.

아들: 세상에, 워털루 전쟁이 일어난 연도를 왜 알아야 하는 건데?
당신: 정말 역사를 싫어하는구나. 내일 시험인데, 정말 걱정되겠다.

아들의 생각을 반영하는 말을 하다가 실수를 할지도 모른다고 걱정할 필요는 없습니다. 실수는 당신이 이해한 내용을 다시 말할 수 있는 기회를 주니까요.

당신: 내일 시험인데, 정말 걱정되겠다.
아들: 엄마는 왜 항상 그렇게 말해? 나 기분 나쁘라고 그러는 거지?
당신: 이런, 미안. 나는 그냥 네 마음이 어떤지 이해하고 싶어서 그런 거야. 그래, 너는 어떻게 하면 좋겠니?

아들의 부정적인 말을 반영하게 된다는 걱정은 하지 않아도 됩니다. 당신은 아들 입장을 지지하는 말을 해야 하는 것이 아니라 그저 당신이 아들을 이해하고 있음을 알려주면 됩니다.

아들: 학교에서 잘하고 있어.
당신: 그럼 지금 성적이 만족스럽겠구나? 왜 그런 생각을 하는지 알고 싶은데, 설명해줄래?
아들: 나한테는 성적보다 더 중요한 게 있거든. 난 모범생이 아니야.

당신: 너한테는 성적이 잘 나오는 게 가장 중요한 일이 아니라는 거구나? 너한테 가장 중요한 건 뭐니?

기회가 있을 때마다 아들이 자신의 양가감정을 들여다볼 수 있게 해야 합니다. 그래야만 아들은 자신이 고군분투하고 있는 일이 당신과 함께 풀어야 할 과제가 아니라 자기 혼자서 벌여야 하는 투쟁임을 깨달을 수 있습니다.

당신: 학교에서 더 잘하고 싶은 건지 아닌지 확신이 서지 않는구나. 마음속 어딘가에서는 더 잘할 수는 없으리라는 생각을 하고 있거나 아니면 정말로 노력을 하고 싶은 건지 확신하지 못하는 거 같아.

아들 말에 공감하면서 들으려면 마음을 활짝 열어야 합니다. 아들은 당신이 정말로 중립적인 입장에서 호기심을 갖고 듣는지 아닌지를 대번에 알 수 있습니다.

EAR 기술을 순서대로 구사할 필요는 없습니다. 또한 아무리 짧은 대화라고 해도 상세하게 말하게 하기, 긍정적인 자세로 듣기, 아이 생각을 반영해주기를 실행할 수 있습니다.

대화를 위한 사전 준비

이전에도 성적 이야기를 하려고 아들과 함께 앉아서 대화를 나눈 적이 많을 것입니다. 하지만 그런 대화들은 모두 좌절과 분노만을 남기는 경우가 많았을 것입니다. 이제는 달라져야 합니다. 이제 당신은 새로운 방법을 사용할 준비가 되었습니다. 아들이 책임을 지게 하면서도 자율을 누릴 수 있게 해주는 방법을 말입니다. 아들이 먼저 대화를 할 수 있도록 준비시키면(아들이 당신이 한 일을 미처 눈치채지 못 한다고 해도) 분명히 훨씬 나은 방식으로 대화를 할 수 있습니다. 이제부터 그 방법을 살펴보겠습니다.

무대 장치 꾸미기

아들이 변화에 관해 생각해볼 수 있도록 편하게 나눌 수 있는 대화를 고민하고 그런 대화를 한두 번 정도 시도해봅시다. 아들이 편하게 대화를 할 수 있겠다는 생각이 들 때(예를 들어 자동차를 타고 이동하거나 저녁을 먹거나 안뜰이나 집안에서 당신을 도울 때) 이런저런 질문을 해봅시다. 대결이 아니라 대화를 해야 한다는 사실을 명심하고 무심한 태도를 유지해야 합니다. 말투는 호기심이 가득하고 사려 깊어야 합니다. 아들의 말에 전적으로 동의가 되지 않을 때는 흥미롭다거나 알겠다는 반응 정도만 보여야 합니다. "으음……" 같은 애매한 소리를 내는 것도 괜찮습니다.

열심히 공부했을 때 얻을 수 있는 장점에 관해 "만일 이렇게 변할 수 있고 좋은 성적을 받는다면 어떤 일이 생길 것 같니?"라고 묻는 것은 터무니없는 질문이 아닙니다. 실제로 당신은 아주 놀라운 대답을 들을 수도 있습니다. 수년 동안 내담자들에게 이 질문을 했을 때 많은 아이가 같은 대답을 했습니다. 성적이 좋아지면 계속 그 성적을 유지해야 한다는 압박을 느낄 것 같다고 말입니다. 만약 당신 아들이 그런 대답을 했다면 감정을 드러내지 말고 "아, 그래. 말이 된다." 같은 대답을 해주어야 합니다.

"이렇게 변하지 않는다면 어떻게 될 거 같니?"라는 질문에 아들이 "별다른 일이 생길 것 같지는 않은데. 난 그래도 좋은 대학교에 갈 거야."라고 대답을 한다면 "그거 잘 됐구나. 네가 확신이 있어서 좋다."라거나 "그다지 걱정을 많이 하지 않는 것 같아서 다행이구나." 같은 대답을 하면 됩니다. 이런 예들은 유연하게 대처하는 방법입니다. 아들 대답이 마음에 들지 않는다고 해도 이런 질문과 반응은 아들에게 현재 상황과 자기 미래를 진지하게 생각할 수 있는 아주 중요한 기회를 제공합니다.

자율성을 기를 수 있게 돕는 방법

여기 아들이 스스로 공부를 해 좋은 성적을 내도록 도울 좋은 도구가 몇 가지 있습니다. 이 도구들을 준비 전략을 짤 때 이용하세요.

- 비교 평가표: 이 도구는 양가감정을 파악할 때 아주 유용하게 쓸 수 있는 도구입니다. 아들에게 학교생활을 열심히 할 때 얻을 수 있는 장점을 쭉 적어보고 그다음에는 단점을 쭉 적어보게 합니다. 부록에 실제로 활용할 수 있는 비교 평가표를 실었습니다.
- 가치관을 갖추기: 아들이 자기 가치관을 명확하게 규정하고 세워나갈 수 있도록 도와주어야 합니다. 가치관이 형성되어야만 아들은 내재되어 있는 동기와 의욕을 불러일으킬 수 있습니다. 10대 아이들은 자기만의 가치관을 이야기하고 싶어 합니다. 자신의 가치

관을 이야기하는 동안 아이들은 자기 정체성을 형성해나갈 수 있습니다. 가치관과 관련해 가장 많은 사람이 잘못 물어보는 질문은 바로 "너는 커서 뭐가 되고 싶니?"입니다. '뭐가'라는 말을 '어떤 사람'이 되고 싶은지로 바꾸었을 때 나는 내담을 온 아이들에게서 수년 동안 정말로 놀라운 답변을 들었습니다. 아이들은 '가족을 돌보는 사람'이라든가 '동료에게 존경을 받는 사람', '친절한 사람' 같은 대답을 했습니다.

저녁 식사 시간에 가족이 서로 어떤 가치관을 공유하고 있으며 어떤 가치관은 다른지를 알아보면 가족의 가치관을 형성해나갈 수 있습니다. 가족들에게 각자 아주 중요한 생일 파티를 열었다고 상상해보게 합시다. 그리고 가장 친한 친구가 건배사를 하는 겁니다. 이 친구는 어떤 건배사를 했을까요? 친구에게서 어떤 말을 듣고 싶은지 각자 이야기해봅시다. 친구들이 자신을 어떤 사람으로 여기기를 바라는지를 물어봅시다. 부록에 '가치관 탐구하기' 표를 실었으니, 표를 보면서 좀 더 질문해봅시다.

대화가 달라지면
아들도 달라진다

이제 대화법을 익혔고 불안을 다스릴 수 있게 되었고 무대 장치를 마련했으니 문제의 본질에 다가갈 시간이 되었습니다. 아들의 자립심을 길러주고 기대를 설정하는 대화를 할 시간이 된 것입니다. 부모로서 당신이 해야 할 일은 통제는 하지 않고 아들이 구조물을 세울 수 있는 토대를 만들어주는 것입니다. 이 계획은 내가 소개했던 받침대를 세워주는 노력과 일맥상통합니다. 이 과정은 기대를 설정하고 아들이 스스로 할 수 있는 일이 무엇인지를 보고 결과를 만들어낼 준비가 충분히 될 때까지 구조물을 미세 조정하는 과정입니다. 다음은 아들의 자립심을 키우기 위한 단계적 대화 방법입니다.

1. 문제를 언급하고 대화 분위기 조성하기

아들에게 학교에 이야기를 하고 싶다는 의사를 표현할 때는 지금까지와는 전혀 다른 대화 방법을 택해야 합니다. 다음처럼 말입니다.

"우리가 찬찬히 생각해보니까, 네가 벌써 10대가 됐다는 걸 깨달았어. 그러니까 어떤 성적을 받을지는 오롯이 네가 결정하면 되는 거야.

우린 네가 결국 어떻게 해야 하는지 깨닫고, 어떤 선택을 하든지 잘해 내리라고 믿어. 왜냐하면 네가 어떤 장점을 가지고 있는지 매일 보고 있으니까. 네가 다른 사람을 어떻게 대하는지 알고, 사진 찍는 걸 얼마나 잘하는지도 잘 알아. 학교생활이 너한테 중요하다는 것도 알아. 네가 더 잘하고 싶어 한다는 것도 알고. 그러니까 이렇게 하자. 우리는 모두 네가 하는 대로 맡겨둘게. 이 경기는 네 경기니까 몇 등으로 들어오는지를 결정해야 하는 사람도 너야. 하지만 우린 부모잖아. 그러니까 네가 올바른 트랙에서 뛰도록 만들어줘야 해. 맨 마지막에 들어오는 사람이 되지 않게 할 의무도 있고 말이야. 건강하게 성장하도록 도와주고 밤에는 푹 자게 하는 것도 우리가 해야 할 일이야."

2. 대화 규칙 세우기

"우리는 20분 동안 대화를 할 거야. 시간이 더 필요하면 합의하에 좀 더 이야기를 나눌 수도 있고 내일이나 모레 다시 이야기를 할 수도 있을 거야. 우리는 너를 비난하지도 비판하지도 않을 거야. 화를 내지도 않을 테고. 그러니까 너도 말을 해야 해. '좋아'라든가 '몰라' 같은 대답은 하면 안 돼."

아들이 이 원칙에 동의했는데도 협조하지 않는다면 즉시 대화를 멈추고 조금 뒤에 다시 대화를 하거나 다음날 다시 대화해야 합니다. 멈추고 떨어뜨리고 굴러가야 합니다. 실제로 아들이 말을 하기 전까지 여러 번 대화를 멈추어야 할 수도 있습니다. 하지만 인내를 가지고 계속 대화를 시도해야 합니다. 어쨌든 아들은 아직 어린아이니까요. 대화가 이어지고 있다면 단답형 대답이라도 받아들여야 합니다.

3. 목표 제안하기

아들에게 학교 성적이 어느 정도 나왔으면 한다는 기대치를 이야기 해주고 그 목표를 달성할 수 있는 시간을 주어야 합니다. 전혀 나아지는 모습이 보이지 않는다면 아들은 공부할 시간이 더 필요할 수도 있으니 자유 시간을 제한할 필요가 있습니다. 아들을 공부하게 할 수는 없지만 다른 곳에 한눈을 파는 시간을 줄여줄 수는 있습니다.

4. 목표 세우기

아들에게 목표가 어느 정도인지 물어보세요. 아들과 당신 목표가 정확하게 같지는 않을 수도 있음을 명심해야 합니다. 중요한 것은 아들 스스로 목표를 설정했다는 점입니다. 아들이 목표로 삼을 수 있는 예를 몇 가지 제시하겠습니다. 모든 문제를 한번에 해결할 수는 없다는 사실을 명심합시다.

- 평점 C를 B로 올리고 평균 B를 유지한다.
- 현재 성적은 유지하되 가장 성적이 나쁜 과목을 집중적으로 공부한다.
- 잘하든 못하든 매일 숙제를 끝내고 제출한다.
- 과목별로 특정 목표 점수를 달성한다.

이제 당신과 당신 아들은 특별한 목표를 세웠습니다. 이 목표가 동기를 불러일으키는 효과를 발휘하려면 단기적으로 해낼 일과 장기적으로 해낼 일을 세분화해야 합니다. 예를 들어 '정규 시험, 쪽지 시험, 보고서 점수는 B 이하를 받지 않기'와 같은 구체적인 목표를 세우는 것입니다. 당신과 아들의 다음 대화 주제는 이 내용이 되어야 할 것입니다. 아들과 함께 부록에 나와 있는 '목표 정하기'를 채워봅시다. 반드시 시간을 들여 고민하면서 적어야 하지만 모든 항목을 채우지 못한다고 해서 걱정할 필요는 없습니다.

5. 필요한 도움을 주고, 일정표 만들기

목표를 달성하려면 어떤 도움이 필요한지 물어보세요. 특히 어려운 과목을 공부하려면 (예산이 허락하는 한에서) 가정교사를 채용해야 하는지, 선생님에게 조금 도움을 요청해야 하는지 등을 생각해야 합니다. 그리고 일정표를 만들어야 합니다. 일정표는 3주 단위로 짜는 것이 좋습니다. 3주는 어느 정도 향상을 기대할 수 있는 충분한 시간입니다. 3주 정도로는 아들이 장기 목표를 달성할 수 없을지도 모릅니다. 하지만 일단 단기 목표를 이루고 나면 나머지는 충분히 해낼 수 있습니다.

6. 침묵하기

어떤 전략을 사용하고 어떻게 해낼지를 결정해야 하는 사람은 결국 아들입니다. 당신이 봐도 된다고 아들이 동의한 자료가 아니라면 성적을 물어보지도 말고 어떻게 향상되고 있는지를 점검하지도 않아야 합니다. 공부는 어떻게 되고 있는지도 묻지 말고 정말로 공부하는지를 확인하려고 방을 몰래 엿보는 일도 하지 말아야 합니다. 이 단계를 무척 힘들어하는 부모가 많습니다. 당신과 배우자가 협력해 서로 자제할 수 있도록 도와야 합니다. 아들 일에 참견하고 싶을 때마다 '친구에게 전화해서 수다 떨기' 같은 일을 택해도 좋습니다.

7. 3주 평가하기

3주가 지난 뒤에는 함께 모여서 상황이 어떻게 진행되고 있는지를 평가해야 합니다. 아들에게 향상된 점이 있다면 등을 두드려주고 3주 뒤에 다시 상황을 점검하자고 약속하고 해산합니다. 전혀 향상된 부분이 없다면 어째서 그런 결과가 나왔는지, 전략을 어떤 식으로 바꿀 것인지를 물어봐야 합니다. 그리고 아들의 활동에 약간의 제약을 가해야 합니다. 기억해야 할 것은 그런 제약이 아들에게 주는 벌이 되어서는 안 된다는 점입니다. 제약을 주는 이유는 아들이 공부를 해야 하기 때문에 주의를 빼앗는 요소를 조금 줄이는 데 있습니다. 여기 당신이 활용할 수 있는 제약의 몇 가지 예를 알려주겠습니다.

- 주중에는 (텔레비전, 비디오 게임, 숙제와 관련 없는 인터넷 서핑을 포함하여) 어떤 화면도 보여주지 말고 주말에만 두 시간 볼 수 있게 합니다. 이 제약이 효력을 발휘하려면 아들을 당신이 볼 수 있는 곳에서 숙제를 하게 해야 합니다. 만약 아들이 토요일에 두 시간이 넘는 스포츠 시합을 보고 싶어 한다면 미리 당신에게 허락을 받아야 합니다.
- 숙제를 할 때는 휴대전화를 부엌 조리대 위에 올려놓아야 합니다. 전화기는 숙제와 공부를 다 한 뒤에 돌려받을 수 있습니다.
- 아주 활발한 아이라서 친구를 만나야 한다면 외출 시간은 금요일과 토요일 저녁으로 제한해야 합니다. 하지만 아들이 친구를 사귀기 어려워하는 아이라면 이런 제한은 두지 않는 것이 좋습니다.
- 충분히 공부할 시간을 확보할 수 있도록 귀가 시간을 앞당겨야 합니다.
- 취침 시간을 정하고 따르게 하는 것을 두려워하면 안 됩니다. 10대 아이들은

언제나 잠이 부족합니다. 취침 시간이 되면 불을 끄고 (숙제를 했건 하지 않았건 간에) 컴퓨터와 휴대전화는 부엌에 두고 침실로 들어가야 합니다. 전화기 대신 알람을 울릴 수 있도록 자명종을 구입하세요. 결국 10대 아이들이 일어날 수밖에 없게 만드는 자명종도 있습니다. (아이들이 자명종을 잡아서 끄기 전까지는 아주 시끄러운 소리를 내면서 온 방안을 돌아다니는 자명종을 구입하세요.)

아들이 아직 중학생이라면 조금 더 짧은 일정표가 필요합니다. 어린 남자아이들은 일주일 단위로 목표를 정하고 매주 금요일마다 선생님 평가를 받아야 하고 만약에 목표를 달성하지 못했다면 주말마다 새로운 규칙을 세워야 합니다. (예를 들어 숙제를 제출하지 않으면 주말에 텔레비전이나 비디오 게임 등을 할 수 없다는 식으로 제약을 두는 겁니다.)

8. 진행 과정 평가하기

다시 3주가 지나면 어느 정도 향상되었는지를 다시 평가해야 합니다. 설령 눈에 띄게 향상되었다고 해도 아직은 처음 정한 제약을 철회하면 안 됩니다. 적어도 3주 정도는 더 진행을 해야 합니다. 한 학기가 끝날 때까지 유지하는 것도 좋습니다. 필요하다면 이때 더 많은 제약을 정해도 됩니다. 혹시라도 다시 예전으로 돌아간다면 이때 정한 제약이 계속 유지되리라는 사실을 아들에게 알려주어야 합니다. 추가로 도움이 필요하거나 목표를 바꿀 필요가 있는지도 이때 점검해야 합니다.

한계는 담장과 같다

―

아들이 향상될 수 있도록 당신이 동의하는 기본 계획을 세울 때 한계를 정하는 일은 아주 중요합니다. 한계를 세우는 일은 많은 부모가 정말로 힘들어하는 일인데, 아들이 거부한다면 특히 더 그렇습니다. 단기간으로 보았을 때는 처벌도 효과가 있을 수 있지만 아들이 지금보다 더 분노하고 협조를 하지 않게 될 위험이 너무 큽니다. 당신은 처벌이 아니라 자율적인 상태로 아들이 자기 인생을 구축해나갈 수 있도록 도와야 합니다. 한계는 아이 주위에 세워주는 담장과 같습니다. 이 담장은 탄력적이어서 아들이 자라는 동안 더 많은 자유를 줄 수 있어야 합니다. 더구나 담장은 아들이 가끔씩은 넘어갈 수 있도록 너무 높아서도 안 됩니다. 담장을 넘어 가는 것, 그것이 아들이 무언가를 배우는 방법입니다.

아들과 권력 투쟁을 피하는 방법

당신과 아들은 필연적으로 서로 부딪칠 수밖에 없습니다. 아들은 당신에게서 떨어져나가기를 원하고, 자기 정체성을 형성하고 당신과의 관계를 재정립하기를 바랍니다. 사실 특정 한계만 벗어나지 않는다면 논쟁은 10대 아들에게 실제로 도움이 됩니다. 집에서 약간의 논쟁을 벌이는 10대 아이는 아예 갈등이 없거나 극심한 갈등을 겪는 집에서 자란 아이보다 훨씬 더 적응력이 뛰어나다는 연구 결과도 있습니다.

하지만 반드시 피해야 하는 갈등도 있습니다. 권력 투쟁입니다. 당신이 어떤 사람인지 몰라도 나는 권력 투쟁에서 승리하는 사람이 누구인지 충분히 예측할 수 있습니다. 바로 당신의 아들입니다. 언제나 10대 아들이 이깁니다. 고함지르기, 욕하기, 사람들 앞에서 당신에게 창피를 주기 등 아들이 쓰지 못할 방법은 없습니다.

권력 투쟁을 다루는 방법은 한 가지뿐입니다. 그저 피하는 것입니다. 아들에게 선택권을 주어 자신이 어느 정도는 통제하고 있다는 느낌을 받을 수 있게 하면 권력 투쟁은 피할 수 있습니다.

다음 표는 아들이 부모를 권력 투쟁에 끌어들이는 가장 일반적인 방법을 몇 가지 소개하고 있습니다(앤서니 울프의《내 인생에서 나가! 그 전에 나랑 셰릴을 쇼핑몰에 데려다주고》에서 참고). 특히 '부모가 느끼는 감정'을 주의해서 보세요. 그곳이 바로 아이들이 쳐놓은 덫에 걸리는 부분입니다.

아이들이 치는 덫	아이들이 하는 말	부모가 느끼는 감정	부모의 첫 반응	더 나은 반응
무관심	"상관없어. 안 나가도 돼."	• 무기력 • 무력감	• 더 강한 벌을 준다. "그래, 안 나가도 된단 말이지? 그럼 일주일 더 외출 금지야. 참도 좋겠다."	• 어쨌거나 외출 금지임을 상기시켜준다. • 입을 다문다.
반항	"어쨌든 파티에 갈 거야. 말려도 소용없어." "절대로 쓰레기통 안 비울 거야." "어쨌든 안 해."	• 분노 • 존중받지 못한다는 감정 • 무능함	• 더 강한 벌을 준다. • "넌 내 말대로 해야 해. 내가 네 부모니까. 아직까지는 너는 내 말을 들어야 해." 같이 자신의 권위를 강요하는 말을 한다.	• 입을 다문다. • 제약을 다시 말해주거나 다시 요청한다. • 새로운 선택지를 준다. "네가 선택해. 파티에 갔다 온 뒤에 다음 주말에는 집에 있거나 아니면 파티에 가지마." • "네가 선택해. 네가 강아지를 산책시키거나 내가 할게. 하지만 내가 한다면 네 용돈에서 5달러를 깎을 거야."
죄의식	"불공평해." "사실 나는 전혀 신경 쓰지도 않으면서." "진짜 끔찍한 부모야."	• 아이가 당신을 사랑하지도 좋아하지도 않는다면 자신이 무언가 잘못을 한 것이 아닌가 하는 죄의식과 두려움을 느낀다.	• 당신을 방어한다. • "나는 너한테 좋은 일만 한다고. 내가 너를 위해서 얼마나 많은 일을 하는지 왜 모르니?" 같은 말을 한다. • 아이의 사랑을 받으려고 제약을 풀어준다.	• 아이의 감정을 강조한다. "그런 생각이 들게 했다니, 미안하다." 하지만 당신의 입장을 고수하고 입을 다문다.

당신의 아들은 게으르지 않다

아이들이 치는 덫	아이들이 하는 말	부모가 느끼는 감정	부모의 첫 반응	더 나은 반응
화를 돋운다.	"엄마는 진짜 바보야." "진짜 못 참아 주겠어." "죽어버렸으면 좋겠어."	• 분노 • 격노 • 거부	• 같이 소리 지른다. • 협박한다. • 벌을 더 준다.	• 아이가 당신이 정한 제약을 받아들인다면 무슨 말이든 하고 싶은 충동을 억제하고 입을 다문다. • 아들의 무례한 태도는 고쳐야 할 필요가 있다고 느끼면 나중에 대화를 해야 한다. "엄마한테 바보라고 한 건 나중에 다시 이야기할 거야. 아무튼 파티에 못 가는 건 변함없어."
도발 방법 —슬퍼하거나 자해한다.	"엄마는 항상 내가 잘못했다고 하잖아. 내가 참을 수 없는 거잖아." "나는 너무 부담되고 걱정된단 말이야. 근데 아빠 때문에 더 불안해졌단 말이야." "죽어버렸으면 좋겠어." "죽고 싶어."	• 죄의식 • 두려움 • 걱정	• 안심시켜주기 • 항복	• 아이의 감정을 보듬어주고 아이와 대화를 할 수 있어서 기쁘다는 사실을 알려주고 안심시켜주되 지금은 당신 결정을 따라야 한다는 사실을 알려준다. (아이가 정말로 흥분해 있다면 당장 대화를 해야 하지만, 부모 말을 따라야 한다는 사실을 알려주어야 한다.) • 슬픔이나 자해를 이용한 도발은 아주 능숙하게 다룰 수 있어야 한다. 아이가 우울증을 앓은 적이 있거나 치료를 받는 중이라면 정말로 심각하게 걱정을 해야 하고 치료사에게 전화해 상담하거나 내담 일정을 잡아야 한다. 그런 병력이 없다면 "아주 흥분해 있는 건 알아. 하지만 이건 가볍게 다룰 문제가 아니야. 정말로 너 자신을 다치게 할 생각이라면 우린 너를 데리고 병원에 갈 거야."라고 말해준다.

밀고 당기기의 기술

아들이 야기하는 투쟁에 대처하면서 선택권을 적절하게 주고 싶다면 몇 가지 유의할 점이 있습니다.

우선 아들의 의견을 들어줘야 합니다. 앞에서 나는 아들의 자율성을 길러주는 가장 좋은 방법은 민주적이고 따뜻하고 단호한 부모가 되는 일이라고 했습니다. 가족이 누구나 똑같이 한 표씩을 행사할 수 있는 민주주의 체제가 될 수는 없겠지만 가족의 규칙을 정할 때 아들이 의견을 낼 수 있게 하면 아들은 그 상황을 자기가 통제하고 있다고 느끼고 좀 더 협력하게 됩니다. 그러니 어떤 규칙을 만들었을 때는 규칙을 만든 이유를 설명해주세요. 그리고 가능하면 아들이 스스로 결정을 내릴 수 있는 기회를 주세요. 그러려면 어디쯤에서 포기하고 어디쯤에서 권력을 함께 나눌지를 미리 생각해두어야 합니다. 심리학자 로스 그린 Ross Greene이 《아이의 대역습》에서 제시한 '세 바구니 기술'을 활용하면 미리 생각할 수 있습니다. 먼저 바구니를 세 개 떠올리세요. 1번 바구니에는 절대로 타협할 수 없는 문제를 담습니다. 자전거를 탈 때는 헬멧을 써야 한다거나 친구 부모님이 집에 있는지도 확인하지 않은 채 친구네 집에 간다거나, 부모가 주말에 집을 떠나 있을 때 혼자 집에 있어야 하는 상황처럼 안전과 관계가 있는 문제들을 1번 바구니에 담습니다. 2번 바구니에는 귀가 시간 연장, 가족이 외식을 할 때는 청바지를 입어도 되지만 사촌 결혼식에 갈 때는 입지 않기 등 충분히 협상할 수 있는 문제를 담습니다. 아침이나 점심을 먹을 것인지 말 것인지, 학교에 어떤 옷을 입고 갈 것인지, 학교 사교 모임에 참석할 것인지와 같은, 전적으로 아이가 혼자서 풀어야 할 문제는 3번 바구니에 담습니다. 가정마다 가치관이 다르기 때문에 2번 바구니와 3번 바구니에 담을 문제들은 유동성이 있습니다. 예를 들어 귀를 뚫는 것을 허락하는 집이 있는 반면 허락하지 않는 집도 있습니다.

한편 유연하게 대처할 수도 있어야 합니다. 특별한 제약을 얼마나 엄격하게 적용할 것인지를 결정할 때는 특히 유연해야 합니다. 만약 늘 귀가 시간을 지키는 아들이 어느 날 하루 늦게 들어왔다면 그 예외를 인정함으로써 아들의 판단을 믿는다는 사실을 알려줄 수 있습니다. 하지만 계속해서 아들이 경계를 시험하고 있다는 생각이 들면 강하게 규칙을 적용해야 합니다.

하지만 단호해야 합니다. 아들의 역할은 제약을 밀어붙여 없애는 것이고 당신의 역할은 제약을 고수하는 것입니다. 당신의 역할을 다하려면 침착해야 합니다. 자제력을 잃지 않을 수만 있다면 화를 내도 좋습니다. 만약 자제력을 잃는다면 아들은 자신이 당신을 이길 수 있다고 생각할 것입니다. 제약을 가할 때는 아들이 어떤 규칙을 어겼으며, 어째서 아들 행동을 받아줄 수 없는지를 알려주고 그런 행동을 용납할 수 없는 이유를 알려주어야 합니다. 그리고 당신이 심각하다는 사실을 알려주기 위해 일단 그 자리를 벗어나야 합니다. 그러고서 나중에 다시 그 문제에 관한 의견을 교환해야 합니다.

앤서니 울프의 말처럼 "당신이 바랄 수 있는 최선은 불완전하게" 통제하는 것입니다. "여기저기에서 일어나는 범죄는 부모의 권력을 꿰뚫고 일어나는 것이 아니라 부모의 권력을 피해서" 일어납니다. 울프의 견해는 내가 즐겨 사용하는 담장 비유와 일맥상통합니다. 당신 아들은 담장을 불도저로 밀어버리려는 것이 아닙니다. 그저 가끔은 담장을 넘어가고 싶은 것뿐입니다. 아들이 가끔씩 당신에게 복종하지 않더라도 지휘자는 여전히 당신입니다.

우주가 당신의 무거운 짐을 들게 합시다. 가장 좋은 결과는 자연스럽게 발생합니다. 당신이 실제로 한 일에 책임을 지는 것이 가장 좋은 결과입니다. 가능한 한 자연스럽게 따라오는 결과가 효력을 발휘하게 해야 합니다. 다시 말해서 우주가 당신의 무거운 짐을 들게 해야 합니다. 아침에 일어나지 않는 아들을 억지로 깨워 학교에 보내는 것보다는 변명의 여지가 없는 '지각'을 하게 한 뒤에 토요일에도 학교에 나가는 벌을 받게 하는 것이 훨씬 효과적입니다. 집에서도 만약 아들이 바닥에 던져놓은 세탁할 옷을 들어 빨래 통에 가져다두지 않는다면 아들은 직접 빨래를 하거나 더러운 옷을 입고 가야 합니다. 선택은 아들이 하면 됩니다. 아들 때문에 당신이 늘 직장에 지각을 한다면 당신은 제시간에 출근을 하고 아들이 직접 걸어서 학교에 가게 해야 합니다. 자동차 외에는 학교에 갈 방법이 없다면 당연히 아들은 그날은 학교에 가지 말아야 합니다. 한두 번 결석을 하면 아들도 분명히 깨우치는 부분이 있을 것입니다.

집에서 일어나는 일이 자연스러운 결과를 얻게 하는 방법은 사실 당신이 당신을 위해 경계를 세우는 방법입니다. 그 경계는 당신이 착취당하지 않게 도와줍니다. 그렇습니다. 아들이 옷을 빨래 통에 넣지 않는다면 당신이 그 옷을 빨아줄 필요는 없습니다. 아들이 늦게 일어난다고 해서 당신이 매일 지각할 이유는 없습니다. 경계를 정하는 일은 특히 어머니에게 힘이 듭니다. 어머니는 가족의 모든 필요를 채워줄 의무가 있다고 느끼기 때문입니다. 하지만 건강한 가정을 만들려면 가족 간에 경계가 필요합니다.

한편 아들이 사고 싶어 하는 물건을 사는 데 드는 비용은 직접 책임질 수 있게 하는 것이 좋습니다. 아들이 구입하고자 하는 물건이 있다면 가능한 한 자기 힘으로 벌어서 구입하게 해야 합니다. 최신 비디오게임기나 컴퓨터 등을 갖고 싶다면 직업을 갖든지 하다못해 집안일이라도 열심히 해야 합니다. 방과 후나 주말에 일을 하면 아이들은 책임감을 기르고 까다로운 사람 대하는 법, 효율적으로 일하는 법, 돈을 관리하는 법 등 학교에서는 결코 배우지 못하는 많은 일을 배웁니다. 일을 하면 아이는 독립을 했다는 기분을 느끼게 됩니다. 아, 그리고 돈을 벌어본 경험은 동아리 회장을 한 것만큼이나 자기 소개서를 쓸 때 유리합니다.

9장

부모를 기쁘게 해야 한다는
강박에서 아이를 놔줘야 한다

"너는 내가 살았던
인생보다 훨씬 나은
인생을 살아야 해."

아마도 당신은 스스로를 '헬리콥터' 부모나 '벨크로' 부모는 아니라고 생각할지도 모르겠습니다. 어쩌면 그렇다고 인정하고 있는지도 모르고요. 어느 경우가 되었건 간에 자신을 제대로 파악하고 있다는 것은 근사한 일입니다. 그래야 객관적으로 아들에게 공감할 수 있고 아들을 도울 수 있기 때문입니다. 자신을 제대로 파악하고 있는 것만이 부모의 그램린(제2차 세계 대전 때 영국 공군 소위가 발견한 가상의 존재로, 기계 고장을 일으키는 요정−옮긴이)이 아이들에게 영향을 미치지 않는 유일한 방법입니다. 하지만 아무리 조심해도 작은 악령은 침입할 방법을 찾아냅니다. 그러니 이 장을 읽는 동안 열린 마음으로 자신에게 친절해집시다.

부모가 아이를 통제하는 이유는 사랑과 두려움 때문입니다. 아이를 사랑하고 아이에게 최선의 것을 주고 싶다는 사실은 두말할 여지가 없습니다. 당신은 아이들이 어떤 기회든지 놓치지 않았으면 합니다. 아이들이 가능한 많은 재능을 갖기를 원합니다. 그 때문에 아이들이 충만하고 행복한 삶을 사는 성인이 될 수 있도록 힘닿는 한에서는 모든 일을 다 해주려고 합니다. 사람이라는 생물종이 생존하려면 아이들이 충만하고 행복한 성인이 되어야 합니다. 그런 사람을 길러냈다는 사실은 부모의 자부심에도 영향을 미칩니다. 아이들이 잘 사는 데 필요하다면 두 번 생각할 것도 없이 자신이 가진 심리적 욕구나 물질적 욕구를 포기하는 부모가 많습니다. 인간은 양육에 엄청난 투자를 하는 쪽으로 적응해왔습니다.

그와 마찬가지로 우리에게는 우리가 인지할 수 있는 모든 위협과 경쟁에서 아이들을 보호하려는 본능이 내재되어 있습니다. 우리가 아이를 통제하는 원인이 두려움인 이유는 바로 그 때문입니다. 물론 오늘날 아이들이 순회 시합을 하는 축구팀에서 좋은 자리를 차지하는 것, 선호하는 대학교에 입학하는 일 등은 극심한 경쟁임이 분명합니다. 그런 경쟁은 우리 사회에서 성공하려면 반드시 해야 하고 또 우위를 차지하는 것이 당연하다고 생각합니다. 부모는 자기 아이들을 사랑하며 아이들이 할 수 있는 한 최선을 다하기를 바라기 때문에 많은 부모가 아이가 조금 부족한 경우에는 조금이라도 더 나은 아이로 바꾸려고 고군분투합니다. 내 동료 가운데 한 명은 부모들이 '만약에 우리 아이가'라는 표현을 끊임없이 쓴다고 했습니다. '만약에 우리 아이가 숙제를 조금만 더 열심히 하면'이라든가 '만약에 우리 아이가 조금만 더 열심히 노력하면'과 같은 말을 한다는 것입니다. 하지만 흔히 부모의 투쟁과 도전이 일을 복잡하게 만듭니다. 아이 일에 지나치게 깊이 개입하는 것은 부모가 스스로 만들어낸 투쟁이자 도전입니다. 그런 문제들은 부모가 과도하게 집중하고 있는 문제이지 아이들 문제가 아닙니다.

부모와 자녀 관계는 모든 인간관계 가운데 가장 복잡하고 강렬하고 중요합니다. 자녀에 대한 부모의 사랑은 깊고도 복잡합니다. 당신과 부모님의 관계, 당신과 형제자매나 배우자와의 관계 등 당신이 맺고 있는 모든 인간관계들이 당신과 자녀와의 관계에 포함되어 있습니다. 당신이 느끼는 자녀에 대한 사랑은 엄청난 기쁨과 충만함을 주지만 동시에 좌절과 고통을 주기도 합니다. 과거와 미래는 연결되어 있습니다. 자녀(미래)를 통해 과거에서 벗어나기를 바라는 부모가 많습니다. 만약에 당신이 그런 부모라면 당신의 그런 바람이 아들이 장차 될 수 있는 사람과 아들이 성취할 수 있는 일을 제한하는 구속으로 작용할 수 있음을 깨달아야 합니다.

아이들은 완벽한 상태로 태어나지 않습니다. 완전한 가족으로, 완전한 인생을 살아가는 상태로 태어나지 않습니다. 그런데도 우리는 완벽하기를 희망합니다. 우리는 아이가 행복하고 정서적으로 안정되고 성공한 어른으로 자라기를 바랍니다. 우리가 견뎌내야 했던 모든 고난을 아이는 겪지 않기를 원합니다. 가난한 집에서 자란 사람은 아이들에게 충분한 재화를 제공하고 자신은 결코 갖지 못했던 기회를 주려고 열심히 일합니다. 항상 긴장이 흐르고 불안한 가정에서 자란 사람은 아이들에게 화목한 가정을 만들어주려고 노력합니다. 아이를 낳는다는 것은 많은 의미로 부모에게 두 번째 기회를 주는 일입니다. 부모는 자기 아이가 자신의 삶보다 훨씬 나은 인생을 살기를 바라는 한편, 무의식 중에 훨씬 나은 또 다른 당신으로 자라기를 희망할 수도 있습니다. 부모의 이런 태도는 어찌 보면 이기적인 것처럼 느껴집니다. 하지만 부모가 아이의 성공을 바라는 것은 아이를 위해서나 부모를 위해서 필연적이고 어쩔 수 없는 일입니다. 의식하지는 못하지만 당신은 당신 아이를 자신감 넘치고 성공하는 아이로 길러 당신이 느끼는 실패의 감정, 불안함, 실망 등을 벗어버릴 수 있기를 바랍니다. 하지만 안타깝게도 그런 소망은 아들이 인지하지 못하는 상태에서 그에게 무언의 압력으로 작용할 수 있습니다.

"그러는 아빠는 도대체 어떤 사람인데?"

제이크의 가족은 아들은 자신이 어렸을 때 겪었던 고통을 절대로 겪게 하지 않겠다는 아버지의 선한 의도가 어떻게 역효과를 낳는지를 극단적으로 보여주는 예입니다. 나는 제이크가 고등학교 3학년이 된 초기부터 상담을 시작했습니다. 제이크는 의욕도 없고 의지도 없는 아들을 두었다고 생각하는 부모님과 엄청나게 싸웠습니다. 두 아들 가운데 막내였던 제이크는 언제나 형의 그늘에 묻혀 살아야 했습니다. 제이크의 성적은 평균이었지만 늘 자신감이 부족하다는 것이 문제였습니다. 아들이 게으르다고 생각하는 제이크의 부모님은 아들이 분발할 수 있도록 엄청난 압력을 가했습니다. 아들이 대학교에 갈 준비를 하고 있지 않다는 생각에 제이크의 부모님은 큰 걱정을 했습니다.

제이크는 중학교 때는 성적이 좋지 않았지만 고등학교에 와서는 매년 성적이 올라갔습니다. 3학년이 된 제이크는 공부도 하면서 아이스크림 가게에서 아르바이트를 했습니다. 하지만 여전히 부모 기대를 만족시키지 못하고 있다는 느낌은 사라지지 않았습니다. 제이크는 부모님이 너무나 빨리 비난을 하고 아무리 잘해도 칭찬에는 인색하다며 불만을 터트렸습니다.

제이크는 어디에서 압력이 오는 것인지, 어째서 부모님은 자신을 있는 그대로 인정해주지 않는 것인지 이해할 수 없었습니다. 대학교에 진학하느라 집을 떠나기 전에 특히나 힘든 싸움을 했던 여름이 지난 뒤에 제이크는 아버지에게 물었습니다. "나를 이렇게 밀어붙이는 아빠는 도대체 어떤 사람인데?" 그때 제이크는 아버지에 관한 이야기를 들었습니다. 제이크의 아버지는 자신이 농장에서 자랐으며 전문대에 다니다가 4년제 대학교에 편입했으며 결국 자기 회사를 운영하게 되었다고 말했습니다. 하지만 그보다 많은 이야기는 듣지 못했습니다. 부모님과 싸운 뒤에 가족 치료 상담을 받을 때 제이크는 아버지에게 어린 시절 이야기를 더 들려달라고 했습니다. 그날 밤, 제이크는 아버지가 아기였을 때 조부모가 들어간 종교 집단에서 자랐다는 사실을 알게 되었습니다. 제이크의 아버지 베이커 씨가 아들이 성공하기를 그토록 집요하게 원한 이유는 그 때문이었습니다. 그는 제이크가 자신보다 훨씬 나은 어린 시절을 보내기를 바랐기 때문에, 아들에게 많은 기회와 자원을 주려고 열심히 일했던 것입니다. 베이커 씨는 열심히 일함으로써 자신을 구할 수 있었습니다. 그 때문에 힘껏 애쓰지 않는 아들을 볼 때면 좌절했습니다. 자기 고통이 아들과의 관계에 어떤 영향을 미쳤는지를 이야기하면서 베이커 씨는 제이크에게 속마음을 털어놓았습니다. "부모로서만 자기 자신에게서 달아날 수 있는 거야. 나는 네가 나처럼 힘든 일을 겪지 않았으면 했다. 나는 나를 보호하려고 열심히 일했어……. 아마도 내가 괜찮은 방식으로 아이를 기른다는 걸 입증하려고 널 구속한 것 같다. 그게 너한테 해를 가하고 있다는 건 미처 몰랐어."

아이가 당신의 자부심을 높이는 데에만 정신이 팔려 있는 것은 아닌가

사람이 하는 일은 거의 모두가 이런저런 방식으로 그 사람의 자부심에 영향을 미칩니다. 당신이 벽에 페인트를 칠하건 모금 행사를 기획하건 상담을 마무리 짓건 책을 쓰건 간에 하는 일이 잘 되면 자신에 대한 느낌도 좋아집니다. 그 활동이 자신에게 중요하면 중요할수록 자부심도 높아집니다. 분명히 알고 있겠지만 양육은 사람이 해야 하는 중요 활동 목록 중에서도 상위의 활동입니다. 하지만 부모로서 자신에게 좋은 감정을 느끼는 것과 그런 감정에 기대어 자신을 좋은 사람이라고 생각하는 것에는 차이가 있습니다. 지금까지 정신분석학자들은 부모가 아이의 자부심을 높일 방법을 찾는 게 아니라 무의식중에 아이가 자신의 자부심을 높일 방법을 찾는다는 글을 발표해왔습니다. 그런 상황이 벌어지면 부모는 자기 욕구만을 강조하거나 아이를 객관적으로 보는 능력을 잃고 맙니다. 아이의 감정과 생각을 알아내기는커녕 자기 감정을 알아달라고 자녀들을 재촉합니다.

부모의 그런 감정은 스스로 인지하지 못하는 사이에 아이에게 간접적으로 전달된다는 사실을 명심해야 합니다. "미안한데 지금은 너한테 신경을 쓸 여유가 없어. 나를 좀 안아주거나 학교에서 모든 과목을 A로 받아오면 안 되겠니? 그럼 나는 정말 좋은 부모가 됐다는 기분을 느낄 수 있고, 네가 얼마나 괜찮은 아이인지를 친구들한테 말해줄 수 있을 거야. 그러면 나도 내가 얼마나 괜찮은 사람인지 알 수 있을 테고."라고 아이에게 직접 말하는 부모는 없습니다. 하지만 그런 생각이야말로 부모의 마음속에 있는 진짜 생각인지도 모릅니다.

가까운 인간관계에는 모두 이런 감정이 조금씩은 스며들어 있습니다. 가족과 친구들은 당신이 스스로에 대해 긍정적인 감정을 느끼게 해야 하지만 전적으로 그런 것은 아닙니다. 자신이 가치 있는 사람임을 느끼려고 다른 사람의 애정과 존경, 관심에 너무 의존하면 바람직하지 못한 결과가 나옵니다. 나르시시즘에 빠지기 때문입니다. 아이는 부모에게 의존해야 하고, 부모와 자녀 관계는 아주 밀접하기 때문에 어느 한쪽이 다른 쪽에 기대어 자신의 가치를 찾으려고 하면 부모와 자녀 관계는 균형을 잃기 쉽습니다.

집에 있는 온도 조절 장치를 생각해봅시다. 최적 온도를 맞춰놓으면 그 온도 밑으로 기온이 내려갈 때에는 난방 기구가 켜지고 그 온도 위로 기온이 올라갈 때에는 난방 기구는 꺼집니다. 이제 온도 조절 장치가 당신의 자부심에도 같은 일을 한다고 생각해봅시다. 모욕을 느낄 경우에는 자부심 조절 장치가 점화되고 그런 모욕을 받았다고 너무 의기소침해질 필요가 없다며 마음을 다독여줄 것입니다. 하지만 자부심 조절 장치가 고장 났을 때에는 다시 기분이 좋아지려면 외부로 시선을 돌려야 합니다. 이제 당신은 자신이 괜찮은 사람이라는 기분을 느끼려면 인간관계나 외모 같은 외부 요소에 기대어야 합니다. 외부 요소에 기대어 자기 기분을 좋게 만들어야 하기 때문에 이제는 외부 요소를 통제하려고 합니다. 다시 말하지만 이런 시도는 모두 무의식적으로 일어나며, 모든 사람이 아주 조금이라도 경험합니다. 아이를 통제하는 부모는 사실 자기 자부심을 높이려고 애쓰고 있는 것입니다.

너무 많은 일을 해주는 부모의 욕망

말이 너무 많은 부모가 바라는 욕망과 너무 많은 일을 해주는 부모가 바라는 욕망은 아주 다릅니다. 이제부터 말을 너무 많이 하는 부모 유형을 살펴봅시다. 유형마다 조금씩 겹치는 특성이 있습니다. 모든 유형에서 자신의 모습을 조금씩은 볼 수 있거나 한 유형에서 당신의 모습을 완벽하게 볼 수 있을지도 모르겠습니다.

• **자녀를 대신해 살아가는 사이드라인 코치**: 이런 부모는 자녀의 고통이 아니라 자녀의 성취만을 지나치게 의식합니다. 사이드라인 코치 부모는 아이의 성취에 지나치게 많이 투자합니다. 이 부모들은 아이의 성공만이 자신이 부모 역할을 잘 해냈다는 증거라고 생각합니다. 지나치게 경쟁심이 강한 사이드라인 코치 부모는 아이가 자기 꿈을 대신 실현해주기를, 자기가 해내지 못한 일을 대신 해내주기를 바랄 때가 많습니다. 사이드라인 코치 부모는 아이가 뛰고 있는 경기장 옆에서 적극적으로 지시를 해 아이를 지치게 할 뿐 아니라 아이가 목표를 달성할 때까지 엄청나게 압력을 가합니다.

9장 부모를 기쁘게 해야 한다는 강박에서 아이를 놔줘야 한다

- **완벽주의자:** 완벽주의자에게 인생은 쉽지 않습니다. 완벽주의에 가까운 사람에게도 역시 마찬가지입니다. 높은 수준의 성취를 하려면 비현실적인 기대를 충족시켜야 한다는, 스스로에게 부여한 엄청난 압력을 감당해야 합니다. 완벽주의자 부모는 아이가 이룩한 성취가 자신의 가치를 입증해주리라는 희망을 가지고서 언제나 부적절한 일을 하고 있다는 감정에서 벗어나려고 애씁니다. 불행하게도 완벽주의자 부모는 가족에게도 상당히 많은 기대를 합니다. 언제나 향상되어야 하고 최상의 상태에 도달해야 한다는 부모의 욕망은 가족을 지치게 하고 분노를 유발합니다. 완벽주의라는 문제는 부모에게서 아이에게로 전달됩니다. 완벽주의는 부모가 인정해주는 기준이 너무 높거나 부모와 감정적으로 아주 멀리 떨어져 있을 때 나타납니다. 완벽주의자 부모의 관심과 사랑을 받으려면 아이는 계속해서 지독하게 노력해야 합니다.

- **자기에게만 몰두하는 부모:** 이런 부모는 자기 인생을 살아가느라 너무 바빠서 아이가 세상을 보는 방식을 이해할 여유가 없습니다. 아이 일에 태만하다거나 관심이 없는 것은 아니지만 세상을 오직 한 가지 관점으로, 다시 말해서 자신의 관점으로만 바라봅니다. 예를 들어 요가를 좋아하는 부모는 아이의 관심에 상관없이 동양 철학을 아이에게 알려주려고 애씁니다. 사이드라인 코치 부모처럼 자기에게만 몰두하는 부모는 아이가 해야 하는 활동에 지나치게 많은 영향을 미칩니다. 자신이 흥미롭게 생각하는 활동이나 자신의 어린 시절을 떠오르게 하는 활동을 아이에게 시킵니다. 자신에게만 몰두하는 부모는 그 사람의 부모님이 공감 능력이 떨어져

당신의 아들은 게으르지 않다

서 깊은 공허함을 느끼며 자란 경우가 많습니다. 이런 부모의 심리 상태는 무슨 일을 해야 할지 몰라 상처 부위를 끊임없이 핥기만 하는 개나 고양이와 같습니다.

너무 많은 말을 하는 부모는 자신을 호의적으로 되돌아보는 방식으로 아이들에게 간접적으로 압력을 가합니다. 폴란드에서 태어났으며 1960년대와 1970년대에 스위스에서 활동한 정신분석학자 앨리스 밀러Alice Miller 박사는 관련 주제에 관한 아주 독창적인 책을 발표했습니다. 밀러 박사의 책《재능 있는 아이의 극적인 사건The Drama of the Gifted Child》은 많은 일을 성취했지만 우울증과 공허함으로 고생하는 재능 있는 전문가들을 치료하면서 겪은 이야기들을 담고 있습니다. 밀러 박사는 자기 환자들의 부모가 아이들을 '언제라도 그 아이 자체로' 사랑해주는 능력이 없는 경우가 많았다고 말합니다. 환자들의 부모는 자신감이 부족했고 자신을 좋게 생각하는 내적 능력이 결여되어 있었습니다. 그래서 외부 세상에서 자신의 존재 가치를 입증받고 싶어 했습니다. 특히 자신의 자녀들에게서 관심과 사랑을 받고 싶어 했습니다. 그 때문에 아이들의 감정적인 욕구를 인지하고 채워주는 대신 아이들이 자신의 감정적 욕구를 채워줘야 하는 상황을 만들었고, 결국 아이들은 자신의 진짜 감정이나 내적 열망을 인지할 기회조차 갖지 못했습니다. 그 아이들이 열심히 노력한 이유는 아이들의 성공에 부모가 투자했기 때문입니다. 밀러 박사의 환자들은 동기와 의욕이 없지 않았고 분명히 크게 성공한 경우도 있었습니다. 그러나 동기 자체가 다른 사람을 기쁘게 해주어야 한다는 데 있었기 때문에 크게 성공을 했다고 해도 마음은 공허할 수밖에 없었습니다.

이제부터는 너무나도 많은 일을 해주는 부모 유형 세 가지를 살펴보겠습니다.

- **걱정하는 부모**: 이런 부모는 자기가 걱정을 하기 때문에 아이가 보호받고 있다고 생각합니다. 언제나 아이가 잘못될 수도 있다는 생각을 하면서 늘 경계하고 조심합니다. 지나치게 많이 생각하고 아이들의 일상생활에 신경을 곤두서고 살며, '부모는 자신의 아이가 행복한 만큼만 행복할 수 있다.'라는 신념으로 살아갑니다. 자신이 아이들이 겪는 고통을 그대로 겪지 않는다면 마치 아이를 포기한 것처럼 느낍니다. 걱정하는 부모는 언제나 달려가 아이를 위기에서 구출합니다. 걱정하는 부모는 근거가 없는 두려움을 근거로 자꾸 아이를 막지만 부모가 늘 불안해하기 때문에 아이가 불안에 떨지 않고 살아가려면 반드시 부모의 불안에 면역이 되어야만 합니다.

- **지나치게 아이와 자신을 동일시하는 부모**: 이런 부모는 아이 문제를 자기 문제로 받아들이기 때문에 아이 문제와 자기 문제를 구별하지 못할 때가 있습니다. 아이와 자신을 제대로 구분하지 못하는 부모는 의식적으로든 무의식적으로든 아이가 힘들어하는 일이 생기면 자기가 어렸을 때 겪었던 어려움을 떠올립니다. 이런 부모가 아이를 보호하기 위해 하는 일은 사실 자신을 보호하려는 시도이며, 이런 부모는 사실 아이는 전혀 다른 일을 경험하고 있는데도 자기 아이는 자기가 어렸을 때 겪었던 문제와 똑같은 문제를 겪고

당신의 아들은 게으르지 않다

있다고 믿어버릴 때가 많습니다.

- **구조대원 부모**: 이 유형은 24시간 내내 아이를 위해 대기하고 있어야 한다고 느낍니다. 언제라도 아이 일에 나설 준비를 끝내고 있지 않으면 아이를 버려둔 것 같은 기분을 느낍니다. 구조대원 부모는 아이가 고통스러워하는 모습을 참아내지 못합니다. 아이를 구조하는 일은 자신이 아이에게 필요한 부모라는 생각을 할 수 있고 아이와 끊임없이 이어져 있음을 확인할 수 있기 때문에 부모에게도 만족을 줍니다. 구조대원 부모는 끊임없이 아이를 기다리고 아이 뒤를 쫓아다니며 뒤치다꺼리를 해주고 가능한 한 앞에 있는 모든 장애물을 미리 치워버립니다. 구조대원 부모는 정말로 능숙하게 아이를 돌보지만 자기가 한 노고의 결과에 지나치게 집착합니다. 이런 부모는 가족을 통제할 수 없으면 가족을 돌보는 데 어려움을 겪습니다. 구조대원 부모는 아이가 청소년이 되어 독립을 하려고 하면 아이를 쉽게 보내주지 못합니다. 그러다 아이가 학교생활을 제대로 해내지 못하면 다시 한 번 구조 태세로 전환해 다시 아이를 통제하고 구조 활동을 활발하게 재개합니다.

너무나도 많은 일을 해주는 부모는 자신은 남들을 돌보는 사람이라고 스스로를 정의합니다. 이런 부모에게는 자신을 필요로 하는 사람이 있어야 합니다. 그래야만 자신이 가치가 있는 사람이라고 느낍니다. 너무나도 많은 일을 하는 부모는 아이의 모든 소망을 미리 예측하고 충족시켜 주려고 노력합니다. 이런 부모는 '내가 아이의 손발 노릇을 하고 아이가 아무것도 원할 필요가 없게 만든다면 아이는 스스로는 아무

것도 할 수 없을 거야. 결국 살아가는 내내 나한테 의지하게 될 뿐 아니라, 세상에, 어쩌면 결혼도 하지 못할 거야.' 같은 생각은 절대로 하지 못합니다. 너무나도 많은 일을 해주는 부모는 아이들이 스스로 해야 하는 일도 습관적으로 대신 해줍니다. 자신이 필요한 존재라는 느낌은 부모가 되었기 때문에 얻은 특권 의식입니다. 부모가 되어 자식을 기르는 일은 너무나도 어려운 일이기 때문에 사실 그런 특권 의식은 분명히 필요합니다. 우리 아들이 예비 학교에 들어갔을 때 선생님은 우리 부부에게 아이 가방을 대신 들어주지 말라고 경고했습니다. 그때 나는 '그게 뭐가 어떻다고 저런 소리를 하지? 나는 우리 아이 가방을 들어주는 게 정말 좋은데?' 라는 생각을 했습니다. 바로 이런 생각을 하게 되는 순간이, 그러니까 부모 자신이 아이에게 필요한 사람이 되어야 할 필요가 있는 순간이 아이들을 무기력하게 만들고 아이들의 능력을 억누르는 원인이 됩니다.

대물림되는 상처

나르시시즘을 발현하는 유전자는 없지만 사실 나르시시즘은 부모에게서 물려받습니다. 당신의 부모님은 자신이 가치가 없는 사람이라고 느꼈기에 어린아이인 당신을 이해할 수 없었고, 부모의 이해를 받지 못한 당신도 자부심에 동일한 상처를 입었을지도 모릅니다. 그런 당신을 도울 수 있는 몇 가지 질문을 곰곰이 생각해봅시다.

• 부모님에게 혼이 난다거나 비난을 듣게 될지도 모른다는 걱정 때문에 부모님에

게 감정을 솔직하게 드러내는 일이 늘 힘들었나요?

- 자신이 기쁜 것보다 부모님을 기쁘게 해드리는 일이 항상 더 중요했나요?
- 정말로 원하는 일이 있을 때도 부모님의 바람이나 조언을 거스를지도 모른다고 생각해 부모님에게 잘못하고 있다는 기분이 들었나요?
- 부모님은 당신이 누구인지 모른다고 생각하나요?
- 아무리 노력을 해도 충분하지 못하다고 생각하는 완벽주의자인가요?
- 자신에게 지나치게 엄격한가요?
- 당신 부모님은 비난에 지나치게 민감한 분들이었나요? 당신은 어떤 편인가요?

위 질문의 대부분에 '그렇다.'라고 대답했다면 당신은 어린 시절을 한번 돌아봐야 합니다. 당신의 어린 시절을 점검해줄 좋은 치료사를 찾아가는 것이 도움이 될 수 있습니다.

수천 번 작별 인사를
해야 하는 것이 부모의 일

자기 가치를 지나치게 아이에게 의존해 평가를 내리는 부모는 아이를 쉽게 떠나보내지 못합니다. 성장하는 일에 양가감정을 갖는 사람은 청소년만이 아닙니다. 부모 됨이란 이기기 위해 저야 하는 과정입니다. 부모가 부모로서의 일을 잘해낸다면 아이는 어른이 되어 부모 곁을 떠나갈 것입니다. 부모가 느끼는 기쁨이란 끊임없이 작별인사를 하면서 쓸쓸함을 느끼는 일입니다. 처음으로 유치원에 가는 아이에게 작별 인사를 하는 일에서부터 눈 깜짝할 사이에 대학교로 떠나는 아이에게 작별 인사를 할 때까지, 그 사이에 수천 번 작별 인사를 해야 하는 것이 부모의 일입니다. 아이와 떨어지는 일이 다른 사람보다 특히 힘든 부모는 아이와 작별할 때마다 엄청나게 슬퍼지고 불안해집니다.

한편 어른이 된 뒤에도 부모와 분리되지 못해 힘들어하는 사람들도 있습니다. 나를 찾아온 한 성인 내담자는 외할아버지 집에서 물건을 치우는 문제로 어머니와 심하게 다투고 있었습니다. 내담자의 외할아버지 집은 15년 전에 외할아버지가 돌아가셨을 때와 전혀 변한 것 없이 유지되고 있었습니다. 심지어 욕실 화장대 위에는 머리카락이 그대로 붙어 있는 할아버지의 빗도 있었습니다. 다른 내담자는 나와 전화 통화를 하다가 자신이 어떤 상태에 처해 있는지 보여주었습니다. 그 내담자는 "잠깐만요. 엄마가 다른 전화기로 듣고 있어요. 끊으라고 할게요."라고 말했습니다. 그 뒤로 이 내담자의 상담은 독립적이고 자율적인 어른이 되는 일에 초점을 맞추었습니다.

아이에게 지나치게 개입하는 부모는 경계가 분명하지 않거나 경계를 제대로 세우지 못한 가정에서 자란 경우가 많습니다. 가족 구성원이 서로 얽혀 있는 이런 가정에서는 서로의 일에 항상 관여하며, 사생활이나 개인 시간을 누릴 공간과 여유가 없습니다. 서로 얽혀 있는 가족은 다른 가족보다 논쟁에 휘말리는 경우도 많습니다. 혼자서 무언가를 결정하면 가족을 등한시했다는 비난을 받기 때문에 가족과 분리가 되려면 비싼 대가를 치러야 합니다. 사람은 자신을 돌보는 사람으로부터 조건 없는 사랑을 받고 싶어 하며, 또 조건 없이 받아들여지기를 갈망합니다. 자신을 양육하는 사람에게서 조건 없는 사랑을 받지 못한 사람들은 성장하기도 어렵고 인생의 다음 단계로 넘어가는 일도 어렵습니다. 그런 사람들은 어른이 된 뒤에도 어떻게 하면 부모에게 사랑을 받고 우울한 부모를 행복하게 해주거나 자신을 비난하는 부모를 즐겁게 해줄지를 알아내려고 애쓰기 때문입니다. 부모님이 벌써 오래전에 돌아가신 경우에도 그렇게 애쓰는 경우가 있습니다. 자기 부모에게서 분리되기가 힘든 부모일수록 자기 아이들의 삶에 지나치게 깊게 개입하는 경우가 많습니다.

나는 나, 아들은 아들

부모로서 겪는 아주 큰 어려움 가운데 하나는 자기 욕구와 자녀의 욕구를 분리하기 어려울 때가 있다는 점입니다. 아이의 사교 생활에, 학교생활에, 과외생활에 더욱 더 많은 투자를 할수록 그 결과를 더욱 더 통제하려고 시도하게 됩니다. 하지만 아이들은 과도하고 불필요하게 압력을 받고 있다고 느끼면 스스로 하려는 의욕도 과제를 즐기려는 마음도 사라져버립니다. 성공하기 위해 해야 할 일을 아이들에게 반드시 하게 만드는 일과 아이들의 성공에 부모의 자부심을 거는 일은 전혀 다릅니다.

자신이 좋은 사람임을 느끼는 근거를 좋은 부모 되기에 지나치게 많이 의존한다면 아이들도 그 사실을 느낍니다. 아이들이 부모의 행복을 자기 어깨에 짊어지게 되는 것입니다. 당신은 자신이 아이 어깨에 엄청난 짐을 올려놓았다는 사실을 깨닫지 못할 수도 있지만 압력은 분명히 가해지고 있습니다. 당신은 아이가 친구에게 거절당하면 조금 많이 마음이 아프고 아이가 고교 심화 학습 과정(대학교 입학 전에 학점을 인정받을 수 있거나 대학교 입학 시 가산점을 받을 수 있는 고교 학습 과정 – 옮긴이)에 선발되지 못하면 조금 심하게 우울해질 수도 있습니다. 이런 감정이 드는 것은 마음속 깊은 곳에 '이런 실패를 하다니, 이런 패배를 겪어야 하다니, 남들이 나를 어떻게 보겠어.'라든가 '내 아들이 선발로 뽑힌 걸 알고 다른 부모들과 나란히 앉아 있다면 정말로 근사한 기분이 들 거야.'와 같이 생각하기 때문인지도 모릅니다.

아들의 성취를 자랑스러워하는 마음과 자신이 좋은 기분을 느끼려고 아이에게 뛰어난 성과를 내야 한다고 재촉하는 일은 전혀 다른 일입니다. 자랑스러워하는 마음은 아들을 생각하는 마음이고 성과를 재촉하는 마음은 자신을 위하는 마음입니다.

이제부터 아들의 성공에 당신이 어떤 식으로 투자를 하고 있는지를 알 수 있도록 질문에 답해봅시다. 이 질문들에 대답한 한 내담자는 자기 아버지는 딸이 자기 모교가 아닌 다른 학교에 입학하기로 하자 심적으로 무너져버렸다고 했습니다. 그 내담자가 선택한 학교는 하버드대학교였는데도 말입니다.

- 아들이 이제 막 하버드대학교에서 입학 허가서를 받았다고 생각해봅시다. 당신은 다른 사람들에게 부지런히 이 소식을 전하고 자동차 뒤에 아들의 합격 소식을 알리는 스티커를 붙이고 이런 말을 합니다. "아들 녀석을 생각하면 정말 기쁩니다. 정말 열심히 했거든요." 그 소식을 들은 사람들은 당신을 부모로서나 인간으로서 어떤 사람이라고 여길까요? 다른 사람이 당신에게 같은 소식을 전한다면 당신은 어떤 생각이 들까요?
- 당신 아들이 이제 막 아델피대학교(아주 헌신적인 교수진이 있는 롱아일랜드의 작은 대학교)에 합격했다는 소식을 받았다고 생각해봅시다. 아델피대학교가 꼭 맞는 학생들도 있겠지만, 하버드대학교처럼 명문은 아닙니다. 다시 같은 질문을 해봅시다. 그 소식을 들은 사람들은 당신을 부모로서나 인간으로서 어떤 사람이라고 여길까요. 다른 사람이 당신에게 같은 소식을 전한다면 당신은 어떤 생각이 들까요?
- 자, 그럼 이제부터 최악의 시나리오를 생각해봅시다. 아들이 공부를 잘

하지 못한다는 것은 당신에게는 어떤 의미가 있습니까? 아들이 오류가 가득한 숙제를 제출한다면 어떤 기분이 듭니까? 아들이 귀중한 경험이나 좋은 기회를 놓쳐도 괜찮은가요? 운동을 할 때나 공부를 할 때 당신은 어떤 사이드라인 코치가 됩니까? 혹시 당신은 경기장 옆에서 우스꽝스러운 행동을 하다가 경기장 건너편에서 걸어온 전화를 받는 부모인가요? 아마도 그런 부모는 아닐 겁니다. 하지만 아이가 실패를 하면(어떤 실패가 되었건 간에) 결국 아들의 자부심이 망가질 뿐 아니라 밝고 성공적인 미래를 갖게 될 기회마저 엉망이 되어버릴 것이라며 걱정하는 부모가 많습니다. 그런 걱정은 판단 착오입니다. 실수는 인생에서 피할 수 없는 한 부분입니다. 자신감은 성공할 때만 생기지 않습니다. 자신감은 실패에서 회복할 수 있다는 믿음에서도 옵니다.

어떤 순간에도 아들 그대로의 모습을 받아들이기란 쉬운 일이 아닙니다. 아이에게 많은 것을 원하고 있으며 상당히 많은 투자를 했음을 생각해보면 당신이 원하는 (어쩌면 당신에게 필요한) 완벽한 사람과는 거리가 먼 아들을 그대로 받아들이는 일은 쉽지 않습니다. 당신 앞에서 벌어지고 있는 일은 당신으로서는 조금도 상상하지 못했던 일입니다. 당신은 아들이 최고 중에서도 최고가 되기를 바랍니다. 가장 뛰어난 학생, 가장 우수한 운동선수, 가장 좋은 친구가 되기를 원합니다. 아이를 그대로 받아들이는 일은 너무 어려워서 부모는 아이의 등을 밀고 재촉하고 쿡쿡 찔러댑니다. 그 때문에 얻는 결과는 더욱 악화된 상황뿐입니다. 부모로서 두렵다는 이유 때문에 아이를 압박하는 것은 결국 아이가 가장 필요로 하는 자질을 빼앗게 합니다. 바로 자율성 말입니다. 아이를 기를 때는 부모의 문제가 아이의 성장을 방해하기도 합니다. 어떨 때는 아이의 문제가 부모를 옥죄기도 합니다. 두 경우 가운데 어떤 경우이든지 부모는 아이가 자신이 아닌 다른 사람이 될 수밖에 없게 만듭니다.

아이들에게 투자를 하고 아이 미래를 걱정할 때는 이런 소속 욕구를 조절하기가 어렵습니다. 아이가 잘했을 때 부모로서 자신을 좋게 생각하는 것은 괜찮습니다. 하지만 아이가 성취하는 일이 당신의 자부심을 결정하면 안 됩니다. 아이의 성취를 즐기는 일은 괜찮지만 아이의 성취에 매달려 살아가면 안 됩니다. 아이를 걱정하고 좀 더 잘 할 수 있도록 등을 밀어주는 일은 괜찮습니다. 하지만 아이를 통제하면 안 됩니다. 그렇다면 어떻게 해야 당신이 하는 일이 지나칠 정도로 과하다는 사실을 알 수 있을까요? 특히 당신의 10대 아이가 지레 포기하기로 결정했다면 말입니다. 한 가지 방법은 언제나 아들의 자율성을 존중한다는 목표에만 초점을 맞추는 것입니다. 또 다른 방법은 당신이 어떤 욕구를 가지고 있는지를 분명하게 깨닫고 자신을 좋게 생각하기 위해 다른 사람에게 어느 정도나 의지하고 있는지를 정확하게 평가해보는 것입니다. 당신은 당신 부모님이 스스로를 멋진 사람이라고 여기려고 당신에게 어느 정도나 의존했는지를 생각해봐야 합니다. 그분들이 당신에게 해준 일이 어느 정도나 그분들을 위한 일이었는지 곰곰이 생각해봐야 합니다.

아이를 통제하지 않아도 삶의 토대를 세워줄 수 있으며, 아이의 자율성을 빼앗지 않아도 아이에게 책임감을 길러줄 수 있습니다. 지금이 순간 아이는 아직 열심히 노력할 준비가 되어 있지 않을 수도 있습니다. 하지만 지금 되지 않았다는 것이 영원히 될 수 없다는 뜻은 아닙니다. 고등학교와 대학교 시절 내내 지레 포기하며 힘들어했던 한 내담자는 "타고난 지적 능력은 성취해야 하는 지적 역량과 다르다."라고 했습니다.

10장

아들의 친밀한
협력자가 되는 과정

아들은 '기꺼이'
실패할 수 있어야 한다

　　당신 아들이 정말로 학교생활을 즐긴다면
하루가 빨리 시작되기를 바라면서 매일 아침 침대에서 뛰어나올 것입
니다. 어쩌면 주말에는 그런 모습을 보일지도 모르겠지만, 학교에 가
는 날에는 절대로 그런 모습을 보이지 않을 것입니다. 학교생활이 전
적으로 지능하고만 관계가 있다면 아들은 훨씬 더 잘할 수 있을지도 모
릅니다. 하지만 현실은 그렇지 않습니다. 도대체 왜 배우는지 모를 내
용을 들어야 하는 수업 시간을 견디고 집으로 돌아와서는 지루한 숙제
를 하느라 몇 시간을 힘겹게 버티려면 엄청난 의지력이 필요합니다.
시간을 관리하고 사실과 공식을 암기하고 보고서를 쓰는 기술도 익혀
야 합니다. 이런 여러 일을 충분히 해낼 능력이 있다고 느낄 때 아이는
훨씬 더 많은 의욕을 가질 것입니다.

　　무언가를 할 수 있는 능력을 기르려면 힘든 노력을 해야 하며 기꺼
이 실패할 수 있어야 합니다. 스키를 타고 언덕에서 굴러야 하며 끔찍
한 시를 써봐야 하며 삼진아웃을 당해봐야 합니다. 배우려면 아는 것
이 없다는 기분을, 서투르다는 기분을, 심지어 바보 같다는 기분을 느

껴야 합니다. 할 수 있는 능력이 있다고 생각하는 사람들은 불확실함을 견디는 능력이 뛰어납니다. 문제는 당신 아들은 지레 포기함으로써 스스로 귀중한 기회를 놓치고 있다는 점입니다. 아들에게는 무능함을 느낄 수 있는 능력이 더욱 많아져야 합니다.

아마도 당신은 실수를 하고 잘못을 저지르면서 무언가를 배우는 경험을 오랫동안 하지 못했을 것입니다. 어른은 새로운 일을 시도해볼 기회가 많지 않으니까요. 그러니 좀 더 많은 내용을 살펴보기 전에 먼저 당신이 느꼈던 무기력함을 다시 한번 상기해봅시다.

우선 당신이 잘하는 일을 떠올려봅시다. 운동도 좋고 잘하는 과목도 좋고 악기 연주나 요리, 아무거나 괜찮습니다. 그리고 이제 그 일을 처음 배우기 시작했을 때 어땠는지를 생각해봅시다. 포기하지 않고 그 기술을 계속 익혀나갈 수 있었던 이유는 무엇입니까? 자연스럽게 아무 문제 없이 그 기술을 익힐 수 있었나요? 지금처럼 잘하게 되기까지 좌절했던 순간은 없었나요? 만약 좌절했던 순간이 있었다면 그 순간을 어떻게 극복했나요?

이제는 절대로 잘할 수 없었던 일을 떠올려봅시다. 그다지 많은 노력을 하지 않고 그 일을 쉽게 포기했나요? 아니면 조금은 잘할 수 있을 때까지 노력은 해보았나요? 다른 사람이 지켜보고 있을 때 그 일을 한다고 생각해봅시다. 어떤 기분이 드나요?

마지막으로 최근에 익숙하지 않은 일을 해야 했던 순간을 떠올려봅시다. 그 일을 하는 동안 어떤 기분이 들었나요? 그 일을 하는 데 있어 어려운 점은 없었나요? 어떻게 새로운 일을 해내는 법을 배웠나요?

자기효능감이 변화를 불러온다

이제는 아들 입장을 충분히 공감하게 되었을 테니 아들이 맞는 방향으로 나갈 수 있게 해줍시다. 불확실함을 참는 능력과 능숙함을 기를 수 있도록 도와줍시다. 이 주제에 관해서라면 최고의 책이 한 권 있습니다. 바로 《할 수 있는 꼬마 기차The Little Engine That Could》라는 책 말입니다. 꼬마 기차는 처음에는 짐이 가득 든 짐차를 끌고 산을 넘어갈 수 있으리라고는 생각하지 못합니다. 하지만 어느 순간 할 수 없는 꼬마 기차에서 할 수 있는 꼬마 기차로 변합니다. 꼬마 기차에게 정확히 어떤 변화가 일어났는지 설명하지 않지만 책 속 어디에도 꼬마 기차의 엄마나 아빠가 "너, 저 산을 못 넘으면 주말에 아무 데도 못 갈 줄 알아."라고 하는 장면도 역시 나오지 않습니다.

꼬마 기차의 비밀 연료를 심리학 용어로 표현하자면 자기효능감self-efficacy이라고 할 수 있습니다. 수십 년 동안 심리학자들은 자기효능감과 성공의 관계를 연구해오고 있습니다. 쉬운 말로 풀어보면 자기효능감은 자신에게 성공할 수 있는 능력이 있다고 믿는 마음이라고 정의할 수 있습니다. 자기효능감은 상황이 어렵게 진행될 때 다시 힘을 낼 수 있는 터보엔진과 같습니다. 자기효능감이 높은 사람은 실패를 자신이 통제할 수 있는 상황이라고 생각하기 때문에 장애물을 만나도 잘 대처하고 실망스러운 상황에서도 잘 참아냅니다. 지금 자기에게 할 수 있는 능력이 없음을 깨닫고 더 노력하고 연습하고 새로운 기술을 익혀야 성공할 수 있음을 아는 능력이 생깁니다. 자기효능감이 부족한 학생은 힘든 일을 해야 할 때면 기가 꺾여서 자신은 할 수 없다는 의구심에 사로잡힙니다. 어찌 보면 자기효능감이 있는 학생은 일을 하는 능력이 더 뛰어난 것이 아닙니다. 실패에 더 현명하게 대처하는 것입니다.

자기효능감 연구의 권위자인 캐럴 드웩Carol Dweck은 자기효능감은 마음가짐이라고 했습니다. 성장하는 마음가짐을 가진 사람은 열심히 일할수록 더 똑똑해진다고 믿습니다. 자기효능감이 강한 사람은 스스로 노력을 통제할 수 있기 때문에 힘든 일이 생겨도 성장할 기회, 똑똑해질 기회, 더 빠르고 더 나은 방법을 익힐 수 있는 기회라고 생각합니다. 하지만 지레 포기하는 아이들은 고정된 마음가짐을 가지고 있습니다. 마음가짐이 고정된 아이들은 사람마다 일정하게 정해진 지능을 가지고 태어난다고 확신합니다. 이 지능은 아무리 노력을 해도 바뀌지 않기 때문에 노력을 해야 한다는 사실 자체를 이미 실패한다는 신호로 받아들입니다. 이런 마음가짐을 가지고 있기 때문에 지레 포기하는 아이들에게 무언가를 잘한다는 것은 선천적으로 타고났다는 의미입니다. 드웩 연구팀은 초등학교 때는 성적이 비슷했던 아이들도 중학생이 되면 성장하는 마음가짐을 가진 아이가 고정된 마음가짐을 가진 아이보다 힘든 일을 더 잘 이겨나간다는 사실을 발견했습니다. 고정된 마음가짐을 가진 아이는 6학년 때부터 성적이 떨어지기 시작하고 중학교 내내 계속해서 하향 곡선을 그립니다. 하지만 성장하는 마음가짐을 가진 아이는 평균 성적이 꾸준히 상승합니다. 드웩은 다음과 같이 결론을 내렸습니다.

"실패할지도 모른다는 징후가 보이기 시작하면 성장하는 마음가짐을 지닌 학생은 …… 자신이 가지고 있는 자원을 학습에 쏟아붓습니다. 그 아이들도 당연히 겁이 나고 두려울 때도 있다고 말하지만, 그 아이들이 보이는 반응은 인내하고 참고 기다리면서 할 수 있는 일을 하는 것입니다. 고정된 마음가짐을 가진 아이는 힘든 변화를 참고 이겨내야 할 때면 그 변화를 위협으로 느낍니다. 자신의 결점을 드러내고 자신을 승리자에서 패배자로 만들 위협이라고 생각합니다. 고정된 마음가짐을 가진 아이는 한번 패배자가 되면 영원히 패배자로 산다고 믿습니다. 자기가 가진 자원을 배움이 아니라 자신의 자아를 보호하는 데 투자하는 청소년이 그렇게나 많은 이유는 전혀 놀랍지 않습니다. 자아를 보호하고자 하는 아이들이 주로 택하는 방법 가운데 하나는…… 아무 노력도 하지 않는 것입니다."

'노력을 전혀 하지 않는 아이'는 좌절을 자신이 불완전하다는 신호로 받아들이기 때문에 거의 아무 일도 하지 않습니다. 이 아이는 자신에게만 보이는 천장 아래에서 살아가는 것과 같아서, 음악이 되었건 운동이 되었건 지능이 되었건 간에 스스로 정한 한계까지만 자기 재능을 발휘합니다. 그 아이의 마음속에는 혹시라도 천장에 부딪치면 자기 한계를 세상에 드러내게 되리라는 두려움이 있어서 어려운 일은 그 무엇도 시도하지 않습니다. 아이는 천장의 위치가 바뀔 수 있음을 알지 못합니다. 힘껏 밀면 위로 올라가리라는 사실을 알지 못합니다. 그렇기 때문에 이기려고 노력하기보다는 지는 편을 선택합니다. 하지만 안타깝게도 이기려고 노력하면 자신의 한계를 드러낼지도 모른다는 어린 남자의 두려움은 현실이 됩니다. 누구도 그의 능력을 확인해볼 기회가 없었기 때문에 결국 그가 똑똑하지 않다는 생각을 하게 됩니다.

자기 재능을 어디에 '고정하느냐'는 타고난 재능과는 전혀 상관이 없습니다. 이와 관련한 가장 극적인 경우는 이제 20대 중반이 된 한 내담자에게서 보았습니다. 제레미는 늘 자기가 수학을 아주 못한다고 생각했습니다. 그는 내가 만난 가장 똑똑한 사람 가운데 한 명이었습니다. 그런데도 자신은 수학을 못한다는 생각에 사로잡혀 수학을 못한다는 사실을 드러낼 수 있는 일이라면 무조건 피했습니다. 그는 치료사인 나에게만 자신이 수학 저능아임을 드러내는 증거를 알려주었습니다. 수능 독해 점수는 800점 만점이었는데 수학 점수는 고작 750점이었다고 말입니다. 제레미는 당연히 아주 영리한 아이였지만 마음가짐을 바꾸어 자기효능감을 기를 필요가 있었습니다. 당신의 아들도 제레미와 같은 경우라면 다음 질문을 해봅시다. 드웩 박사가 고안한 질문입니다.

- 지능은 바꿀 방법이 없는 너의 본질적인 자질이라고 생각하는가?
- 새로운 일은 배울 수 있지만 지능은 절대로 바꿀 수 없다고 생각하는가?
- 지능을 어느 정도이건 간에 늘 조금씩은 바뀔 수 있다고 생각하는가?

음악이나 운동, 예술성 같은 다른 능력에 관해서도 아들이 어떻게 느끼고 있는지를 알아볼 수 있습니다. 아들의 느낌을 알았다면 그다음에는 고정된 마음가짐과 성장하는 마음가짐에 어떤 차이가 있는지 설명해주어야 합니다. 마지막으로 아들은 새로운 일을 배울 때면 뇌는 분명히 바뀔 수가 있다는 사실을, 다시 말해서 뇌는 가소성이 있음을 확신할 필요가 있습니다.

"너는 정말 똑똑한
아이야."라고 말하지 마라

당신의 아들이 고정된 마음가짐을 버리고 성장하는 마음가짐을 가질 수 있도록 돕는 일은 당신이 치러야 할 전투 가운데 고작 절반일 뿐입니다. 나머지 절반은 능숙함을 방해하는 적들을 물리치는 일입니다. 일단은 다음과 같은 태도를 스스로 돌아볼 필요가 있습니다.

결과를 강조하는 태도

결과를 강조하면 아들이 통제할 수 없는 일에 중점을 두게 됩니다. 결과가 아니라 과정에 초점을 맞추어야 합니다. 아들이 좋은 결과를 얻었을 때는 그의 노력을 칭찬해야 하고 좋은 결과가 나오지 않았을 때는 그의 실망에 관해 이야기를 나누어야 합니다. 아들의 성취는 지능이 아니라 노력의 산물이어야 합니다. 타고난 재능이 아니라 불굴의 끈기가 만들어낸 결과여야 합니다. 코미디언 스티브 마틴의 말처럼 "끈기는 재능을 대체하는 훌륭한 자질"입니다. 과정에 초점을 맞추면 아들은 당신의 사랑을 조건부라고 느끼지 않습니다. 얼마 전에 열 살

아들이 자신감이 없다며 상담을 한 어머니가 있었습니다. 자기가 언제나 아들에게 너는 정말 똑똑하다고 말해주는데도 말입니다. 내가 그 방법은 아이의 자신감을 높이는 가장 좋은 방법은 아닐 수도 있다고 말했을 때 그 아이는 "맞아요, 엄마가 그런 말을 할 때마다 내가 똑똑하지 않으면 부모님이 실망할 거라는 생각을 해요."라고 말했습니다.

앞에서 이미 아이의 지능이나 재능을 과도하게 강조하면 아이의 노력이 아니라 아이의 타고난 능력이 가장 중요하며, 부모의 인정을 받으려면 아주 특별한 수준에 도달해야 한다는 그릇된 메시지를 전달한다고 말했습니다. 물론 가끔씩 당신 아이에게 아주 똑똑하다고, 아주 잘생겼다고, 평균보다는 뛰어나다고 말해주는 것은 전혀 해가 되지 않습니다. 하지만 아들의 성취를 너무나도 자랑스러워하고 아들의 실패에 지나치게 실망하면 당신은 아들이 제대로 해냈을 때만 아들을 사랑한다는 잘못된 메시지를 전달하게 됩니다. 아이들이 특정 활동을 제대로 해냈을 때에만 부모가 자신을 사랑한다는 생각이 들면 그런 활동을 하도록 강요받고 있다는 기분이 들고 결국 그런 은밀한 압력에 분노를 느끼고 그런 압력을 행사하는 부모에게도 분노를 느낍니다.

실패를 두려워하는 태도

잃을 것도 많고 상당히 격렬해 보이는 경쟁에 깜짝 놀라 자기 아이가 어떤 일이든 실패를 하면 영원히 뒤처질 거라고 걱정하는 부모가 많습니다. 이런 믿음은 잘못일 뿐 아니라 위험하기도 합니다. 한 기자와 성공한 기업인이 나눈 인터뷰 이야기가 생각납니다.

"선생님은 선생님의 성공 비결이 무엇이라고 생각하십니까?"

"세 마디로 말할 수 있지요."

"그렇군요. 그게 무엇인가요, 선생님?"

"좋은 결정을 내렸다."

"그럼 어떻게 좋은 결정을 내릴 수 있었는지 말씀해주시겠습니까?"

"두 마디로 말할 수 있지요."

"그렇군요. 말씀해주시죠."

"경험을 했다."

"그렇다면 어떻게 경험을 할 수 있었는지 말씀해주시죠."

"세 마디로 말할 수 있습니다."

"그게 뭡니까, 선생님?"

"나쁜 결정을 내렸다."

　과거에 비해 실패는 훨씬 괜찮은 일로 여겨지고 있습니다. 매일같이 위험을 감수하고 독창성을 발휘한 실패한 창업주들을 찬양하는 기사가 언론 매체에 실립니다. 기사들이 언급하고 있는 것처럼 대학교를 그만둔 스티브 잡스나 빌 게이츠가 없었다면 우리는 지금도 타자기와 카세트를 사용하고 있을지도 모릅니다. 페이스북을 만든 마크 저커버그와 텀블러를 만든 데이비드 카프는 말할 것도 없습니다. 아들에게는 더 많은 밧줄이 필요합니다. 매달려 있어야 하는 밧줄뿐 아니라 충분히 밑으로 떨어졌다가 다시 올라올 수 있는 밧줄도 필요합니다. 아들이 나중에 대학교에 가서 혼자 경험하는 것보다는 당신이 신중하게 지켜보고 있을 때 실패하는 법을 배우는 것이 훨씬 좋습니다.

실수를 두려워하는 태도

실수를 가족의 습관으로 만들어야 합니다. 가능한 한 아주 재미있고 열정적으로 당신이 한 실수를 가족들에게 이야기해주세요. 그리고 계속해서 실수를 해나가세요. 그 실수에서 어떤 교훈을 배웠는지를 분명히 알려주세요. 연필 뒤에 지우개가 달려 있는 이유, 컴퓨터 키보드에 삭제 키가 있는 이유를 분명히 알려주세요.

편안하게 안주할 수 있는 곳에서 나와 조금은 받아들여질 수 있는 실수를 해보세요. 아이들이 당신이 실수하는 모습을 볼 수밖에 없는 새로운 일을 시도하고 당신 때문에 웃게 만들어주세요. 예를 들어 아들이 가장 좋아하는 비디오 게임을 해볼 수도 있습니다. 가족들 모두 새로운 일을 하면서 헤매보는 것도 괜찮습니다.

당연히 누릴 권리가 있다는 태도

능숙함은 획득해야 하는 자질입니다. 지나치게 돌보는 양육은 아이들에게 '나는 네가 못할 거라고 생각해.'라는 메시지를 전할 뿐 아니라 아이들이 '나는 못할 거라고 생각해.'라고 말할 수 있는 기회를 지나치게 많이 제공합니다. 나에게 아들이 항상 학교에 숙제거리를 놓고 오는 습관을 고칠 방법을 알려달라고 부탁한 어떤 어머니는 아들과 다음과 같은 대화를 나눴다고 했습니다.

어머니: 이제부터는 수첩에 적어오는 습관을 길러야겠다. 선생님이 숙제를 내주시면 모두 수첩에 적었다가 버스를 타기 전에 학교에서 해야 할 일을 모두 했는지 수첩을 보면서 확인하는 거야. 작년에 매번 그랬

던 것처럼 학교 정문이 닫히기 전에 허겁지겁 뛰어가는 일은 다시는 하지 말자. 할 수 있지?

아들: 아니.

그 문제를 해결할 방법은 아들을 더는 학교까지 태워주지 않는 것이라고 말했을 때, 어머니는 깜짝 놀랐습니다. "지금 우리 애가 숙제도 없이 학교에 가서 점수가 깎여야 한다고 말씀하시는 거예요?"라고 물었습니다.

"네, 그게 아들에게 수첩을 사용하게 할 유일한 방법입니다." 나는 그렇게 대답했습니다.

부모의 걱정

당신의 걱정은 아들에게 '너의 능력은 신뢰할 수 없다.'라는 신호를 보냅니다. 다음 이야기들처럼 말입니다.

- "성적을 올리지 못하면 절대로 좋은 대학교에 갈 수 없어."
  : 너는 좋은 대학교에 갈 수 없을 거야.
- "네가 대학교에 가면 네가 집중하게 도와줄 나는 없을 거야. 그럼 넌 그 즉시 실패하고 말 거야."
  : 너는 대학교 생활을 제대로 할 수 없을 거야.
- "좀 더 공부하지 않으면 화학 시험 통과하기 힘들 거라고 생각하지 않니?"
  : 나는 네가 화학 시험에 통과하지 못할 것 같아.

아들의 걱정

지레 포기하는 아이들 마음 깊은 곳에는 두려움이 자리 잡고 있습니다. 실패할지도 모른다는 두려움, 정체가 드러날지도 모른다는 두려움, 온갖 압력에 대한 두려움, 모든 미래에 대한 두려움이 자리 잡고 있습니다. 지레 포기하는 아이는 회피 전략으로 이 스트레스를 처리합니다. 오늘날에는 비디오 게임, 유튜브, 인스타그램, 넷플릭스같이 정신을 빼앗는 것들이 끝도 없이 많습니다. 어떤 10대는 자신의 걱정과 자명종이 똑같은 취급을 받는다고 했습니다. 자명종이 울릴 때마다 나중에 다시 울리기 버튼을 누른다면서 말입니다. 하지만 다음과 같은 말도 덧붙였습니다. "다시 울리기 버튼이 효과가 있는 것처럼 그게 내가 문제를 해결하는 유일한 방법이에요." 다른 내담자는 "써야 할 보고서가 있을 때마다 나 자신한테 '보고서는 미래의 콜린이 걱정하게 해야겠어. 난 미래의 콜린을 믿어.'라고 말해요. 물론 보고서를 제출해야 하는 전날 밤이 되면 '과거의 콜린은 정말 얼간이야.'라고 하고요."라고 말했습니다.

걱정은 머리에 살고 있는 폭력배와 같습니다. 회피는 그저 이 폭력배에게 잠시 지하실로 내려가서 운동할 시간을 주는 것뿐입니다. 이 폭력배를 물리칠 방법은 아무리 걱정이 되더라도 문제를 회피하지 말고 아주 조금쯤일지라도 직접 맞서 싸우는 것뿐입니다. 그래야만 '불안 참기 근육'을 키우고 결국에는 충분한 힘이 생겨 걱정이라는 녀석의 엉덩이를 걷어차 쫓아버릴 수 있습니다.

걱정 참기 근육을 키우는 방법

―

아들이 '걱정 참기 근육'을 키울 수 있는 한 가지 방법은 숙제를 하는 동안 걱정이 될 때마다 그 내용을 정확하게 기록하는 생각 일지를 작성하는 것입니다. 예를 들어 배 만드는 것을 좋아했던 잭이 보고서를 한 편 쓰는 동안 내담실에서 작성한 다음 표처럼 말입니다.

생각 일지

시간	하고 있는 일	느끼는 감정	점수	생각
4:14	읽기	걱정	50	보고서를 써야 해. 보고서 제출 날짜는 이미 지났어.
4:16	읽기	걱정	50	이 장은 벌써 2주 전에 읽기 시작했어. 그런데 뭘 읽었는지 하나도 기억이 안 나.
4:19	읽기	걱정	50	십자군 전쟁에 관한 정보를 충분히 확보할 수 없을 것 같아.
4:22	읽기	걱정	75	이 숙제는 끝내지 못할 거야. 보고서를 쓰고 싶지 않아.
4:23	읽기	걱정	75	내가 할 수 있을까?
4:25	읽기	걱정	50	읽는 속도가 너무 느려.
4:25	읽기	걱정	75	강아지 산책시키는 거 잊어버렸어.
4:30	개요 작성	불만	75	재미있는 일을 하고 싶어.
4:32	개요 작성	걱정	75	보고서를 길게 쓸 수 있을까?
4:38	음악 듣기	슬픔	50	숙제를 하지 않으려고 회피하는 중이야. 도저히 할 수가 없어.
4:58	음악 듣기	화남	75	아무 진전이 없어. 20분이나 시간을 낭비하고 있어.
5:05	딴짓	화남	75	이 숙제를 꼭 해야 한다는 아빠 때문에 화가 나.
5:06	딴짓	슬픔	50	도저히 못하겠어.
5:07	쓰기	불만	75	진짜 싫어.

표에 적힌 숫자는 감정의 정도를 1점부터 100점까지 점수로 표시한 것입니다. 느끼는 감정이 가장 약할 때는 1점이고 가장 강할 때는 100점을 씁니다.

이 표가 정말로 놀라운 이유는 일단 종이에 마음속에 떠오르는 모든 걱정을 적고 나자 잭이 보고서 쓰는 일에 집중할 수 있었다는 점입니다. '생각 일지'는 부록에도 실었으니 직접 작성해보길 권합니다.

걱정을 한다는 것은 이 세상을 실제보다 훨씬 불안하게 보이게끔 하는 유리를 통해 세상을 보는 것과 같습니다.

걱정을 달고 사는 사람들은 왜곡되고 지나치게 두려운 시선으로 세상을 볼 때가 많습니다. 결정적인 왜곡 가운데는 예측할 수 있는 것도 있는데, 일단 어떤 왜곡이 있는지를 알게 되면 논리적으로 맞서 싸우기가 쉬워집니다. 걱정이 많은 아들의 부모로서 당신은 아들이 잘못 생각하고 있는 부분을 온화한 방식으로 알려주어야 합니다. 틀린 부분을 가르쳐준다는 말투가 아니라 안심시켜줄 수 있는 말투로 말해주어야 합니다.

아주 파괴력이 크고 가장 흔히 나타나는 왜곡에 관해서는 앞에서 이미 살펴보았습니다. 여기 다른 유형의 왜곡이 두 가지 더 있습니다.

- 전부가 아니면 아무것도 아니라는 사고방식: 전적으로 '흑 아니면 백'인 일은 절대로 없습니다. 그런데도 전부가 아니면 아무것도 아니라는 사고방식으로 인해 하나를 잘못하면 모든 것을 망친다는 터무니없는 생각을 합니다. 브로콜리를 무르게 삶았다는 이유로 디너파티 전체를 망쳤다고 생각하거나 아들이 뜬공을 잡지 못해 끔

찍한 시합을 했다고 생각하는 것입니다.

- **지나친 일반화**: 지나친 일반화란 사과 한 개가 썩으면 광주리에 든 사과를 모두 버려야 한다고 생각하는 마음에 비유할 수 있습니다. 하지만 한 가지 잘못을 했다고 세상이 끝나지는 않습니다. 아들이 대수를 잘 못한다고 해서 기하학도 못하리라고 생각하면 안 됩니다.

이런 왜곡된 시선을 없애려면 좀 더 현실적이 되고 상황을 좀 더 객관적으로 평가할 수 있어야 합니다. 브로콜리는 물러버렸을지도 모르지만 닭고기 요리는 정말로 근사했습니다. 아들은 공을 놓쳤지만 안타를 세 개나 쳤습니다.

걱정은 불편하지만 그 때문에 치명상을 입지는 않는다는 사실을 반드시 기억해야 합니다.

불확실함을 참는
능력을 기른다는 것

지금은 당신이 책을 처음 펼쳤을 때보다는 아들의 미래 학업 성적에 관해 훨씬 긍정적이 되어 있기를 바랍니다. 이제는 아들이 가지고 있는 가장 큰 잠재력을 발휘하도록 재촉해야 한다는 망상에 가까운 목표는 추구하지 않기를 바랍니다. 그러나 당신은 학업 성적이 아닌 다른 문제 때문에 이 책을 읽기 시작했을 수도 있습니다. 아들을 잃고 있다는 느낌 때문에 말입니다. 어린아이와 부모가 느끼는 경이로운 친밀함은 아이가 격동의 청소년기를 맞으면서 서서히 옅어지기만 하는 것이 아닙니다. 아들의 성적이 야기하는 긴장 때문에 파괴되기까지 합니다. 아들은 아들을 위해 제시하는 당신의 선한 의도와 꿈과 희망을 거부할 뿐 아니라 당신이 아들을 기르면서 지침으로 삼았고 가족을 한데 묶어주었던 응집력인 당신의 소중한 가치관을 폄하하기까지 합니다. 당신이 아들에게 주려고 그토록 노력했던 일들을, 아이들 모두에게 필요한 일들을 아들은 어째서 철저하게 거부하는 것일까요?

그런 걱정들은 근거가 없으니 안심해도 된다고 말하고 싶습니다. 하지만 부모와 아들의 관계가 손상되는 문제에 관해서는 같은 위로를 해줄 수가 없다는 사실도 말해야겠습니다. 관계 맺기는 아이가 의욕을 갖게 되는 세 가지 요소 가운데 하나로(나머지 둘은 각각 통제와 능력), 역설 반응은 관계 맺기를 막는 가장 큰 장애물입니다. 아들과의 관계를 회복하지 않는다면 아들의 문제는 해결할 수 없습니다. 다행히 당신은 이미 관계를 개선하려는 노력을 시작했습니다. 이제 당신은 아들의 생각이 얼마나 발전했는지를 알게 되었고 아들이 형성해가고 있는 새로운 견해를 존중하게 되었습니다. 아들은 부모에게서 분리되어야 한다는 사실을 인정하며 그 때문에 아들이 양가감정을 가지고 있다는 사실을 이해하게 되었습니다. 이제는 아들과 권력 다툼을 하지 않게 되었고 더 나은 방식으로 의사를 전달하며 분명하게 한계와 경계를 정할 수 있게 되었습니다. 이제는 아들이 독립심을 기를 수 있도록 격려해주며, 아들의 자율성을 지지해주고 무엇보다도 많은 일을 해낼 수 있는 역량을 강화하는 데 힘을 쏟아야 합니다. 중요한 것은 당신 아들은 게으르지 않다는 사실을 이해할 수 있도록 객관성과 공감 능력을 길러야 한다는 것입니다. 다음은 아들에 대해서 염두에 두어야 할 사실입니다.

- 당신이 모든 것을 해결해주어야 할 정도로 어리지는 않지만 혼자서 모든 문제를 풀 수 있을 정도로 충분히 자라지는 않았습니다.
- 뇌와 몸과 영혼이 아직도 성장하고 있습니다.
- 성장해야 할 모든 영역이 고르게 성장하지는 않았습니다.
- 자신이 누구인지, 어떤 사람이 되어야 하는지 확신을 갖고 있지 못합니다.

- 자신의 남성성을 보호하려고 합니다.

- 남성다움을 갖추려고 애쓰고 있습니다.

- 노력을 하고 독립심을 기르는 일에 양가감정을 느끼고 있습니다.

- 실패를 두려워합니다.

- 자신이 그다지 똑똑하지 않다는 걱정을 하고 있습니다.

- 다른 사람이 자신이 똑똑하지 않다는 사실을 알게 될까 봐 두려워하고 있습니다.

- 좌절하고 불안해지는 마음을 참아내지 못합니다.

- 여전히 부모에게 의지하고 있다는 사실을 부정하려고 합니다.

- 자신의 두려움을 드러내지 않으려고 부모와 권력 다툼을 합니다.

- 표현 방식은 다르지만 아들도 당신만큼이나 자신의 미래를 걱정합니다.

성공이 아닌 성장을 위해

이제는 인식을 크게 전환할 때가 되었습니다. 아들을 바꾸려면 당신이 뒤로 물러나야 합니다. 너무 많은 말을 하는 것도, 너무 많은 일을 하는 것도, 역설 반응을 이끌어내는 행동을 하는 것도 그만두어야 합니다. 아이를 구출하려는 시도도 그만두어야 하고 아들의 성적을 아들보다 더 걱정하고 신경 쓰는 일도 그만두어야 합니다. 다시 말해서 부모의 역할을 다시 규정해야 합니다. 부모의 역할이 어떤 방법을 쓰더라도 아들을 성공하게 만드는 것이 아님을 알아야 합니다. 그보다는 아들 스스로 자신을 이해하고 성장할 수 있는 길을 열 수 있도록 도와주는 것이 부모의 역할임을 알아야 합니다.

이제 결론을 말해봅시다. 아들이 바뀔 수 있는 방법은 당신이 먼저 바뀌는 것밖에는 없습니다. 결국 이루어내야 하는 인식의 전환은 부모란 어떤 역할을 하는 존재인가에 관한 것입니다. 벌써 주눅이 든다고요? 맞습니다. 절대로 쉽지 않은 일입니다. 하지만 이미 어떻게 해야 하는지는 살펴보았습니다. 부모 역할을 재규정하는 엄청난 인식의 전환을 해내려면 이 책에 나와 있는 많은 교훈을 당신에게 적용할 수 있어야 합니다. 이제부터 그 방법을 알려드리겠습니다.

완벽할 수 없음을 받아들여야 한다

할 수 없음을 일상으로 받아들여야 합니다. 아무리 좋은 의도를 가지고 있다고 해도 아이들이 항상 부모의 뜻을 따르지는 않습니다. 이 책을 읽었다고 해서 당신 아들이 내가 권하는 모든 방법을 함께 노력해주지는 않을 것입니다. 아이를 기른다는 것은 많은 것을 혼자 생각해야 한다는 뜻입니다. 앞으로 일어날 일은 예측하지 못하고 시간이 흐른 뒤에야 어떻게 해야 옳은 말을 하고 옳은 일을 할 수 있었는지를 깨달을 때가 많다는 뜻입니다. 가끔은 당신이 하는 말 때문에 아들이 진정하고 당신이 해준 조언을 받아들일 때도 있을 것입니다. 하지만 그보다는 몇 날, 몇 주가 지나, 심지어 몇 년이 흐른 뒤에야 당신이 해준 조언이 효력을 발휘한다는 사실을 알게 될 것입니다. 나는 앤서니 울프 박사가 양육에 관해 한 말을 자주 인용합니다. "부모에게는 확신이 필요하다. 하지만 항상 옳은 결정을 했다거나(그럴 수 있는 사람은 없다.) 항상 아이를 통제할 수 있다는(사실 통제 비슷한 것도 할 수 있는 사람은 없다.) 확신이 필요한 것은 아니다. 그보다는 그 일의 적임자는 자신임을, 당신이 쏟아부은 노력이 결국에는 헛되지 않으리라는 확신이 필요하다." 부모로 살면서 내가 배운 것이 있다면, 나의 지도로 내 아이가 전적으로 올바른 판단을 하게 만들 수 있다는 믿음이 해롭다는 것입니다. 그보다는 아이와의 관계를 공고하게 쌓아야 한다는 사실을 알게 되었습니다. 우리는 함께 실수를 저질러야 하고, 서로에게 사과하고 결국에는 더 의미 있는 삶을 살고 더 가까운 사이가 되어야 합니다. 그러기 위해서는 부모와 아이가 서로에게 배워야 한다는 사실을 알게 되었습니다.

늘 같은 속도로 성장하는 것은 아니다

아들은 절대로 변하지 않는 장점과 한계를 가지고 태어나지 않습니다. 아들은 더 영리해지고 민첩해지고 더 나은 사람이 될 것입니다. 그런데 당신 견해도 넓힐 필요가 있을지도 모릅니다. 아들이 성장하는 모습을 매일같이 평가하는 태도는 자칫하면 시야를 좁힙니다. 이제는 다른 시간의 틀이 필요합니다. 아들은 고등학교 시절 내내 시행착오를 할 수도 있고, 끊임없이 자기 한계를 시험해볼 수도 있습니다. 청소년기란 그런 것입니다.

만족은 뒤로 미루어야 한다

몇 년 전에 작가인 제니퍼 시니어Jennifer Senior는 〈뉴욕 매거진〉 표지 기사와 저서 《부모로 산다는 것》으로 많은 주목을 받았습니다. 《부모로 산다는 것》에서 시니어는 아이가 없는 사람들이 기저귀를 갈아야 하고 승용차 함께 타기를 해야 하는 사람들보다 행복할 때가 더 많다고 주장했습니다. 우선 무엇보다도 자녀가 없는 어른들은 더 많은 시간과 돈을 자신만을 위해 쓸 수 있습니다. 육아는 심약한 사람에게는 적합한 노동이 아닙니다. 육아는 힘든 일을 해야 할 뿐 아니라 희생을 요구합니다. 뭐, 조금 행복한 일도 있습니다. 오로지 당신하고만 있기를 바라는 작은 아이에게서 받는 키스와 포옹만큼 행복한 일은 없습니다. 10대 아이들요? 10대 아이들하고는 행복할 일이 그다지 많지 않습니다. 10대 아이들하고는 만족하기보다는 그저 '당연히 함께 사는구나.' 하는 느낌이 많이 들 테지만, 아이가 독립적인 사람이 되면서 능숙하게 자기 일을 해내는 모습을 지켜보는 일은 크나큰 보람을 줍니다.

아이가 잘하는 모습을 볼 때면 당연히 내가 잘 해냈구나 하는 뿌듯한 마음이 들고, 잠 못 이루었던 많은 밤을 보상받는 것처럼 느껴집니다. 아이가 학교 대표팀에 들어가거나 연극 주인공이 되거나 가족사진을 찍을 때 입으려고 사온 양복이 근사하게 어울릴 때면 부모의 자부심은 한껏 올라갑니다. 문제는 자신이 좋은 부모이자 좋은 사람이라는 기분을 느끼려고 아들의 성취에 너무 의존한다는 것입니다. 부모가 그런 태도를 가지면 아들의 심리적 경계가 흔들립니다. 만족을 뒤로 미룬다는 것은 당신 아들이 자신만의 시간표대로 성공을 찾아나갈 수 있게 해준다는 의미이지 당신 사랑을 조건으로 성공을 찾아간다는 뜻이 아닙니다. 아들의 학업 성적 때문에 느끼는 당신의 감정과 아들에게 느끼는 감정을 분리할 필요가 있습니다.

결과가 아니라 과정에 초점을 맞추자

아이의 성장은 과정입니다. 분명한 이정표가 있기는 하지만 그런 이정표는 목표가 아니라 지침으로 활용해야 합니다. 아이의 성장 과정에 초점을 맞추면 아이에게 당신 사랑이 조건부라는 인상을 심어줄 위험을 피할 수 있습니다. 그보다 더 중요한 것은 과정이야말로 중요한 교훈을 배울 수 있는 기회를 제공한다는 점입니다. 예를 들어 아들에게 당신이 정한 통금 시간을 지키게 하는 것보다는 무엇 때문에 통금 시간을 지켜야 하는지를 아들에게 논리적으로 설명하고 아들의 의견을 들으면서 두 사람의 의견을 조정하는 일이 더 중요합니다. 아들이 통금 시간을 어겼다면 아들이 통금 시간을 어긴 이유를 들어보고 규칙을 정확하게 이행한 다음에 다시 통금 시간을 어기는지 살펴봐야 합니다. 그 모든 것이 성장하는 과정입니다. 급할수록 돌아가라는 교훈을 잊지 말아야 합니다. 같은 교훈을 아들의 성적에도 적용할 수 있습니다. 아들의 성적은 하루아침에 향상되지 않습니다. 이 모든 과정들이 아들이 살아가는 내내 아들을 지탱해줄 자기 인식, 성숙함, 문제 풀이 능력 등을 발달시켜줄 것입니다.

불확실함을 참는 능력을 길러야 한다

아들이 양가감정, 불안, 의심을 다루는 법을 알려면 당신이 먼저 당신의 불안과 아들에 대한 의심을 억제하는 법을 익혀야 합니다. 그렇지 않았다가는 너무나도 빨리 아들의 문제를 해결해주겠다며 당신이 뛰어들게 됩니다. 불확실함을 참는 능력을 기른다는 것은 아들이 조금은 실패하게 내버려두고 자기 일은 자신이 걱정할 수 있는 기회를 준다는 뜻입니다. 당신이 전적으로 모든 걱정을 떠맡으면 아들은 걱정을 할 필요가 없습니다.

당신이 아들에게 줄 수 있는 가장 큰 선물

1장에서 나는 아들을 도와주려면 부모는 반드시 두 가지 자질을 갖추어야 한다고 했습니다. 공감 능력과 객관성 말입니다. 이제 한 가지 자질을 더 말씀드리겠습니다. 다른 사람의 고통을 느낄 수 있는 자비로움이 있어야 합니다. 자비로운 마음이 없으면 사람은 서로 관계를 맺을 수 없습니다. 달라이 라마는 "다른 사람이 행복하기를 바란다면 자비로워지시오. 자신이 행복하기를 원한다면 자비로워지시오."라고 했습니다.

아들의 투쟁과 당신의 투쟁을 위해서 당신은 자비심을 길러야 합니다. 부모들 대부분에게 자기 연민은 습득하기 아주 어려운 기술입니다. 당신은 무엇보다도 먼저 부모로서 자기 성장 과정을 참고 이겨내야 합니다. 당신이 하는 실수를 참아내고 당신이 느끼는 불확실함을 참아내야 합니다. 부끄러워할 필요도 자책할 필요도 없습니다. 아들이 지레 포기하는 것은 당신 잘못도 아니고 전적으로 당신이 풀어야 하는 문제도 아닙니다. 당신은 아들을 고칠 수 없습니다. 하지만 아들이 스스로 고칠 수 있는 도구를 줄 수는 있습니다. 성장하기까지 걸어야 하는 길은 저마다 다릅니다. 아들이 성장하는 길은 여전히 펼쳐지고 있는 중입니다.

당신이 자신에게(그리고 당신 아들에게) 줄 수 있는 가장 큰 선물은 아마도 아직 시간이 있음을 기억하는 일일 것입니다. 아들이 어른이 될 준비를 할 수 있는 시간은, 당신이 없어도 아들 혼자 잘할 수 있는 시간이 되기까지는 당신이 생각하는 것보다 훨씬 많이 남아 있습니다. 도저히 불가능할 것처럼 보이지만 사실 아들은 이미 당신이 현재 아들에게 주고 있는 도움보다 훨씬 적은 도움을 주어도 잘 해나갈 수 있습니다. 대학교로 떠나기 전에 당신 아들은 완전히 자랄 필요도 없고 사실은 완전히 자랄 수도 없음을 기억해야 합니다.

• • •

당신이 아들에게 해주어야 하는 것들이 있습니다. 우선 자비로운 마음으로 들어주어야 합니다. 그래야 아들의 진짜 기분을 들을 수 있고 이해할 수 있습니다. 앞서 살펴본 EAR 기술(말할 수 있도록 격려해주고 긍정적인 태도로 반응하면서 아들이 하는 말을 반영해 그의 말을 당신이 이해하고 있음을 알려주는 듣기 기술)을 활용해 당신은 말하기보다는 들어주어야 한다는 사실을 명심해야 합니다. 당신 의견을 말하거나 제안을 하지 말고 아들에게 말할 기회를 주어 거리낌 없이 질문을 할 수 있게 해주세요. 무엇보다도 중요한 것은 아들의 감정을 인정한다는 사실을 알려주는 것입니다. 그것이 아들이 당신을 믿고 계속해서 말할 수 있게 하는 유일한 방법입니다.

아들은 자비롭고도 분명한 한계가 필요합니다. 자, 마지막 주문을 외워봅시다. "한계를 정하라. 발전하게 될 것이다." 위협은 하지만 그 위협을 실행하지 못하는 부모가 많습니다. 명확하고 일관성 있으며 실제로 실행하는 한계를 정해주는 일이야말로 부모가 자녀를 위해 할 수 있는 가장 자비로운 행동입니다. 아들은 당신이 언제나 가까운 곳에서 머물면서 자신을 안전하게 지켜주리라는 사실을 알고 있어야 합니다. 아들은 저 너머에 경계가 있으리라고 믿을 필요가 있지만 가끔은 경계 너머의 풍경도 볼 수 있음을 알고 있어야 합니다. 아들은 자기 행동에 책임을 져야 합니다. 그래야 스스로 노력하고 결정을 내릴 수 있습니다.

당신이 아들에게 어떤 기대를 품고 있고 어떤 모습이 될 수 있다고 믿건 간에 아들의 지금 모습을 자비로운 마음으로 받아들여야 합니다. 이는 부모 노릇을 하는 데도 한계가 있음을 받아들이는 일이기도 합니다. 당신은 아들을 보호하고 양육하고 인도해줄 수는 있지만 어느 순간이 되면 아들이 스스로 자기 미래를 통제할 수 있어야 합니다. 아이를 제대로 길러낸 부모의 아들은 혼자서 무엇이든지 할 수 있는 18세 남자아이가 아닙니다. 평생 동안 성장하고 개선해나갈 수 있는 과정에 승선할 준비를 마친 18세 남자아이입니다. 〈워싱턴 포스트〉 칼럼니스트 마이클 거슨Michael Gerson은 아들을 기른 경험을 다음과 같은 글로 남겼습니다.

"부모가 된다는 것은 인내하고 희생하면서 많은 교훈을 배우는 것이다. 하지만 궁극적으로는 겸손해지는 법을 배우는 과정이라고 할 수 있다. 인생에서 경험할 수 있는 가장 근사한 일은 다른 사람의 이야기에 잠시 동안 출연했다는 사실이다. 그것으로 충분하다."

자비는 아들이 게으르지 않음을 이해하는 데 도움이 됩니다. 아들의 문제는 상당 부분 멍청해 보이거나 재능이 없는 것처럼 보일지도 모른다는 두려움에서 유래합니다. 자비는 그런 문제로 힘들어하는 아이가 당신 아들만이 아님을 이해할 수 있게 해줍니다. 결국 아들은 세상이 요구하는 많은 일을 해낼 수 있게 될 테지만 시간이 더 필요하다는 사실을 이해할 수 있습니다. 자비로운 마음을 가짐으로써 당신은 아들을 충분히 믿을 수 있게 될 것입니다. 아들이 자신에 대해 더 배우고 스스로 의욕적으로 행동할 수 있는 자유를 줄 정도로 말입니다. 친구들보다 훨씬 오랜 시간이 걸리더라도 아들이 스스로 마음을 먹고 의욕을 갖게 된다면, 그 의욕은 아들의 것이니 누구도 빼앗아 갈 수 없습니다.

'잠재력'과 아직 성취하지 못한 삶을 지나치게 강조하면 실제 삶을 제대로 살아가지도 즐기지도 못하게 됩니다. 아이들을 생각할 때 우리가 고려해야 할 유일한 '잠재력'은 성장하고 성숙할 수 있는 잠재력뿐인지도 모릅니다.

그리고 알아두어야 할 것이 있습니다. 아들이 잠재력을 향해 성장하는 기쁨, 그것을 행복이라고 부른다는 사실 말입니다. 그 과정을 지켜보는 일은 정말로 경이로울 것입니다.

부록

① 스터디 플래너

해야 할 일	예상 시간		난이도	
	과제 예상 시간	실제 걸린 시간	예상 난이도: 1(아주 쉬움)부터 5(아주 어려움)까지	실제 난이도: 1(아주 쉬움)부터 5(아주 어려움)까지

② 역으로 계획 짜기

			마감일:

③ 비교 평가표

결정한 내용	장점/이득	단점/손해
성적 올리기		
성적 올리지 않기		

④ 가치관 탐구하기

다음 표를 살펴보고 지금 중요하거나 앞으로 중요해질 일에 동그라미를 쳐봅시다.

좋은 운동선수 되기	사람들과 잘 어울리기	사랑받는 사람 되기
결혼하기	특별한 파트너를 만나기	우정 쌓기
한 사람을 사랑하기	다른 사람을 돌보기	다른 사람의 도움 받기
가까운 가족 만들기	좋은 친구 사귀기	남들이 좋아하는 사람 되기
인기 있는 사람 되기	다른 사람들에게 인정받기	가치를 인정받기
공평한 대우 받기	칭찬 듣는 사람 되기	독립심 기르기
용감해지기	상황을 통제하는 사람 되기	절제하는 사람 되기
자신을 받아들이기	자존심과 존엄성 갖추기	시간 관리 잘하기
역량 강화하기	많은 것을 배우고 익히기	많은 일을 해내기
생산적으로 근면하게 살기	즐길 수 있는 일 갖기	중요한 위치에 올라가기
돈을 벌기	완벽을 추구하기	이 세상에 기여하는 사람 되기
불의에 맞서기	윤리적으로 살기	좋은 부모(혹은 자녀) 되기
영적인 사람 되기	재정적으로 안정되기	모험을 감행하지 않기
편하게 살기	만족하며 살기	지루해하지 않기
즐겁기	인생을 즐기기	근사한 외모 갖추기
근사한 몸매 갖추기	건강하기	좋은 학생 되기
창의적인 사람 되기	깊은 감수성 갖기	한 사람으로 성장하기
충만한 삶 살기	목적을 갖기	꽃향기를 맡을 수 있는 여유 시간 갖기

동그라미를 모두 쳤으면 가장 바라는 다섯 가지 가치관 밑에 줄을 칩시다. 당신의 부모님이라면 그 다섯 가지 가치관을 어떻게 생각했을까

요? 형제들은 어떻게 생각했을까요? 당신이 지금은 어떤 가치관을 가지고 살고 있는지 생각해보고 앞으로는 어떤 가치관을 가지고 살아가고 싶은지 고민해봅시다. (가치관 탐구하기 표 출처: smartrecovery.org)

⑤ **목표 정하기**

1단계: 목표를 적어봅니다. '성적을 올리고 싶다.'와 같은 장기 목표, 아주 큰 그림으로 시작합니다. 목표는 반드시 현실적이어야 합니다. 현재 점수가 C라면 적어도 지금으로서는 단숨에 A로 올리겠다는 목표는 그다지 현실적이지 않습니다.

_____

_____

_____

_____

2단계: 지금 세운 장기 목표가 자신에게 중요한 이유를 적어봅니다.

_____

_____

_____

_____

3단계: 목표를 달성하면 인생이 어떻게 바뀔지 적어봅시다.

_____

_____

_____

_____

4단계: 장기 목표를 단기 목표로 나누어 적어봅시다. '영어 점수를 C+ 에서 B로 올린다.'처럼 구체적으로 적어야 합니다. 장기 목표 하나당 단기 목표를 두세 개쯤 적습니다.

1. _____

2. _____

3. _____

4. _____

5. _____

5단계: 아직 끝나지 않았습니다. 이제부터는 단기 목표를 좀 더 구체적인 실천 사항으로 나누어봅시다. 각 단기 목표당 특별한 실천 사항을 한 가지씩 정해봅시다. 모든 단기 목표에 적용해야 하는 실천 사항도 있을 수 있습니다. 여기 몇 가지 예가 있으니 마음껏 활용해도 됩니다.

• 숙제는 모두 제출한다.
• 매일 10분 동안 복습을 하고 공책을 정리한다.
• 오랜 시간이 걸리는 숙제는 숙제가 나온 날에 시작한다. 예를 들어 다음과 같은 일을 할 수 있다.
    - 보고서를 작성할 세 가지 가설을 적어본다.

– 참고 자료를 모은다.

　　– 달력을 보고 보고서 제출 일까지 역으로 날짜를 세어 계획을 짠다.

1. _____

2. _____

3. _____

4. _____

5. _____

6단계: 조심하지 않으면 생길 수 있는 문제를 한 가지만 적어봅시다.

_____

_____

_____

_____

7단계: 나아진 점이 없다면 앞으로 무엇을 해야 할지 적어봅시다.

_____

_____

_____

_____

8단계: 발전하고 있음을 확인하는 방법과 확인 과정을 도와줄 수 있는 사람을 적어봅시다. 여기 몇 가지 예가 있습니다.

- 일주일에 한 번씩 목표 달성 계획표를 점검할 것이다.
- 모든 숙제를 적고 숙제를 끝냈는지, 제출했는지를 표시하면서 어떤 식으로 숙제를 하고 있는지 점검할 것이다.
- 한 달에 두 번 모든 과목 점수를 점검할 것이다.
- 조언자, 상담선생님, 좋아하는 선생님 등과 계획표를 살펴보고 매 주 한 번씩 점검한다.

_____

_____

_____

_____

9단계: 목표를 이루려면 포기해야 하는 일들을 적어봅시다. 아마도 이 9단계가 가장 해내기 힘들겠지만 지금까지 목표를 이룬 적이 없다면 반드시 해내야 하는 일이기도 합니다. 고통이 없으면 얻는 것도 없습니다. 예를 들어봅시다. 성적을 올리려면 다른 일에 사용하는 시간을 줄이고 좀 더 열심히 공부해야 합니다.

- 비디오 게임
- 텔레비전 보기
- 친구들과 놀기
- 인터넷 서핑

무엇을 포기할 생각인가요? 구체적으로 적어야 합니다. 사람을, 장소를, 시간을 적어야 합니다. 예를 들어 '학교에서 집에 오면 비디오 게임을 하는 대신에 곧바로 숙제를 할 것이다.'라거나, '일주일에 공부하는 시간을 두 시간 늘릴 것이다.'와 같이 적습니다.

10단계: 각오하기의 단계입니다. 각오란 정해진 순서대로 필요한 행동을 해나가는 과정입니다. 행동을 이끌어내며 좀 더 높은 목적을 부여하는 목표입니다. 경험하기를 원하는 일들을 긍정적으로 서술하는 방법이기도 합니다. 각오를 하면 훨씬 더 집중할 수 있고 행동을 명확하게 규정할 수 있으며 좀 더 의미 있는 행동을 할 수 있습니다. 예를 들어 숙제를 하기 전에 새로운 지식을 더 배우겠다거나 새로운 기술을 익히겠다는 각오를 하면 숙제를 해낼 수 있을 뿐만 아니라 숙제를 통해 많은 것을 배울 수 있습니다.
각오는 다음처럼 할 수 있습니다.

* 내 목표를 이루기 위해 더 많은 시간, 더 많은 에너지, 더 많은 노력을 쏟아부을 생각이다.
* 좌절하거나 포기하고 싶은 마음이 들 때도 계속해나갈 생각이다.

⑥ 걱정 표

날짜와 시간	
이런 생각이 들게 한 이유는 무엇인가?	
어떤 걱정을 하고 있는가?	
예측 적어보기	
예측을 뒷받침하는 증거	
예측을 부정하는 증거	
실제로 일어날 가능성	

당신의 아들은 게으르지 않다

⑦ 생각 일지

시간	하고 있는 일	느끼는 감정	점수	생각

※ 이 책의 참고문헌은 blog.naver.com/kevinmanse/221453935580에서 볼 수 있습니다.

당신의 아들은 게으르지 않다

초판 1쇄 발행 2019년 2월 22일
초판 2쇄 발행 2019년 3월 20일

지은이 • 애덤 프라이스
옮긴이 • 김소정

펴낸이 • 박선경
기획/편집 • 김시형, 권혜원, 김지희, 한상일, 남궁은
마케팅 • 박언경
표지 디자인 • 김경년
제작 • 디자인원(031-941-0991)

펴낸곳 • 도서출판 갈매나무
출판등록 • 2006년 7월 27일 제395-2006-000092호
주소 • 경기도 고양시 일산동구 백석동 1324 동문굿모닝타워2차 912호
전화 • (031)967-5596
팩스 • (031)967-5597
블로그 • blog.naver.com/kevinmanse
이메일 • kevinmanse@naver.com
페이스북 • www.facebook.com/galmaenamu

ISBN 978-89-93635-08-9/13590
값 15,000원

이 도서의 국립중앙도서관 출판예정도서목록(CIP)은 서지정보유통지원시스템 홈페이지
(http://seoji.nl.go.kr)와 국가자료공동목록시스템(http://www.nl.go.kr/kolisnet)에서 이용하실
수 있습니다.(CIP제어번호: CIP2019002106)